水利科技推广计划成效评估及体制机制创新研究

史安娜　吕晓焕　张 雷　胡方卉◎著

河海大学出版社

·南京·

图书在版编目(CIP)数据

水利科技推广计划成效评估及体制机制创新研究／史安娜等著. -- 南京：河海大学出版社，2022.12
 ISBN 978-7-5630-7918-6

Ⅰ.①水… Ⅱ.①史… Ⅲ.①水利工程-科技成果推广-研究-中国 Ⅳ.①TV

中国版本图书馆CIP数据核字(2022)第251446号

书　　名	水利科技推广计划成效评估及体制机制创新研究	
书　　号	ISBN 978-7-5630-7918-6	
责任编辑	张　媛	
特约校对	任宇初	
封面设计	徐娟娟	
出版发行	河海大学出版社	
地　　址	南京市西康路1号(邮编：210098)	
电　　话	(025)83737852(总编室)　(025)83722833(营销部)	
经　　销	江苏省新华发行集团有限公司	
排　　版	南京布克文化发展有限公司	
印　　刷	广东虎彩云印刷有限公司	
开　　本	718毫米×1000毫米　1/16	
印　　张	11	
字　　数	192千字	
版　　次	2022年12月第1版	
印　　次	2022年12月第1次印刷	
定　　价	52.00元	

前言

PREFACE

当前,人类社会发展日新月异,作为社会发展中最活跃的客观因素,科技创新成为我国实现经济转型和培育国际竞争新优势的重要支撑。我国水资源总量位居世界前列,但人均水资源量远低于世界平均水平。同时,由于水资源时空分布不均、与国土资源和生产力布局不相匹配,经济社会发展与水资源、水环境承载能力之间的矛盾还没有得到根本缓解,粗放型水利发展方式还没有得到根本转变,需要从战略和全局的高度,进一步创新水利发展模式,提高科技进步推动水利发展的水平。水利科技推广项目是我国政府科技计划的一部分,在支撑引领国家水安全战略方面发挥着重要作用。因此,从国家科技计划管理层面系统总结科技推广计划项目绩效,并在此基础上深入研究水利科技项目的成果转化显得尤为迫切,对水利科技事业发展具有重要理论和现实指导意义。

科学技术是第一生产力,是推动人类文明进步的革命力量。科学技术的创新能力,是国际经济竞争和综合国力竞争的战略制高点,是民族进步的灵魂,也是国家兴衰成败的关键。解决我国面临的新老四水问题,科技创新发挥着重要的支撑保障作用,是水利高质量发展的根本驱动,也是建设创新型国家的重要内容。科技创新包括理论研究、形成成果、成果转化推广与应用全过程。先进实用的科学技术必须经过推广转化,在生产实践中得到应用,才能真正体现其作为第一生产力的价值。

水利科技推广项目是经财政部批复,用于实施重点科技成果转化的政府科技计划,用于支持水利科技成果的推广转化实施。水利科技推广项目实施以来,围绕水利中心任务,结合重点领域需求,组织开展了大量优秀科技成果的推广转化活动,动员社会力量广泛参与,有效带动了社会投入,通过建立示范工程、开展宣传培训,为促进行业关键设备更新升级和整体技术水平提升,为水利现代化进程、保障水安全发挥了重要的支撑作用。目前,水利科技推广工作仍未能充分满足水利发展的需求,对水利现代化的支撑引领作用还没有充分发挥。我国水利科技推广内在模式与机理机制研究成果匮乏,从水利部到各级水行政主管部门,包括科研单位和科技企业等,都存在着加强水利科技推广体制机制研究、创新科技推广组织实施理念的迫切需求。系统总结科技推广项目实施绩效,开展项目绩效评价,深入研究绩效产生背后的体制机制,为探索并创新水利科技推广的成果转化与组织管理模式、完善水利科技推广政策提供决策支持。

全书在梳理与科技推广相关的科学评估、公共投资、效应评价、技术溢出、内生增长等理论和研究基础上,借鉴美国、日本、荷兰、以色列等国科技成果转化的经验,构建了水利科技推广项目绩效识别框架,从经济性、效益性、效率、技术溢出、管理绩效等多个维度全面识别和解析水利科技推广计划执行绩效,系统提出建立区域层面的核心圈层、全国层面的宏观圈层以及全球层面的开放圈层的圈层推广体系,以及建立项目模式、示范园区模式、技术市场模式、企业转化模式、咨询服务模式等多样的水利科技成果转化模式和水利科技转化的金融支持方式等对策建议。

本书在写作过程中引用了各级政府网站和统计年鉴中的相关统计数据、调研资料,并参考了国内外相关领域学者的研究成果,在此一并致谢。由于作者研究水平有限,书中可能存在一些不足之处,恳请读者批评指正。

目录

CONTENTS

第 1 章　导论 ………………………………………………………… 001
  1.1　研究背景 ………………………………………………………… 001
    1.1.1　科技创新是国家实施创新驱动发展战略的核心 …… 002
    1.1.2　提升科技成果转化的质量和效率是创新的重要举措
         ………………………………………………………… 003
    1.1.3　技术转化问题已成为学术研究关注的焦点 ………… 003
  1.2　研究意义 ………………………………………………………… 005
    1.2.1　理论意义 ……………………………………………… 005
    1.2.2　实践意义 ……………………………………………… 006

第 2 章　水利科技推广计划实施情况 ……………………………… 008
  2.1　水利科技推广计划基本情况 …………………………………… 008
    2.1.1　水利科技推广的相关概念 …………………………… 008
    2.1.2　水利科技推广计划 …………………………………… 010
    2.1.3　水利科技推广特征 …………………………………… 011
  2.2　水利科技推广计划投入与进展 ………………………………… 013
    2.2.1　水利科技推广计划组织体系 ………………………… 013
    2.2.2　水利科技推广计划资金投入分析 …………………… 016
    2.2.3　水利科技推广计划人员投入分析 …………………… 020
    2.2.4　水利科技推广计划产出情况 ………………………… 022
  2.3　水利科技推广计划存在问题 …………………………………… 024

第 3 章　典型国家的水利科技推广模式及借鉴 …………………… 028
  3.1　多元参与型的美国模式 ………………………………………… 028

3.2　政府主导型的日本模式 ·· 029
　　3.3　生产引导型的以色列模式 ·· 031
　　3.4　市场主导型的荷兰模式 ·· 032
　　3.5　对我国水利科技推广模式的启示 ·································· 034

第4章　水利科技推广计划成效评估框架及指标体系构建 ·········· 038
　　4.1　理论基础 ·· 038
　　　　4.1.1　科技评估理论 ··· 038
　　　　4.1.2　公共投资相关理论 ··· 040
　　　　4.1.3　政府绩效评价理论 ··· 043
　　　　4.1.4　技术溢出理论 ··· 044
　　　　4.1.5　内生增长理论 ··· 045
　　　　4.1.6　科技推广理论 ··· 046
　　4.2　水利科技推广计划成效评估的影响因素 ······················ 056
　　　　4.2.1　评估时间节点 ··· 057
　　　　4.2.2　科研活动的特征 ··· 058
　　　　4.2.3　水利行业特征 ··· 059
　　　　4.2.4　项目公共投资属性 ··· 061
　　4.3　水利科技推广计划成效评估框架 ·································· 062
　　4.4　水利科技推广计划成效评估指标体系构建 ·················· 063
　　　　4.4.1　经济性维度评估指标 ··· 063
　　　　4.4.2　效率性维度评估指标 ··· 066
　　　　4.4.3　效益性维度评估指标 ··· 070
　　　　4.4.4　技术溢出维度评估指标 ····································· 071
　　　　4.4.5　管理绩效维度评估指标 ····································· 072
　　　　4.4.6　水利科技推广计划成效评估指标体系 ············· 074

第5章　水利科技推广计划成效经济性评估 ································ 076
　　5.1　水利科技推广项目资金投入强度 ·································· 076
　　　　5.1.1　水利科技推广政府公共投资资金投入强度 ····· 076
　　　　5.1.2　政府公共投资资金吸引地方投资强度分析 ····· 078
　　5.2　水利科技推广项目对水利科技产出的拉动绩效分析 ·· 079
　　　　5.2.1　水利科技推广项目相对产出分析 ····················· 079

  5.2.2 水利科技推广项目投入与水利科技产出的关系分析
    080
  5.2.3 水利科技推广项目投入的产出弹性分析 081
  5.2.4 水利科技推广项目投入对水利科技产出增长的拉动
    力度分析 082

第6章 水利科技推广计划成效效益性评估 083
 6.1 R&D 收益率及其测算研究 083
  6.1.1 R&D 收益率 083
  6.1.2 R&D 投资及收益率测算 084
 6.2 水利科技推广项目效益性绩效分析 085

第7章 水利科技推广计划效率性评估 090
 7.1 效率评价的相关概念 090
  7.1.1 效率的概念界定 090
  7.1.2 水利科技推广计划的效率 091
 7.2 水利科技推广计划效率评价指标体系构建及数据检验 ... 092
  7.2.1 效率评价指标体系构建原则 092
  7.2.2 水利科技推广计划效率评价指标选择及处理 093
 7.3 按时间序列的水利科技推广计划效率测算结果及分析 ... 101
  7.3.1 按时间序列的 DEA 有效性分析 101
  7.3.2 按时间序列的规模有效性分析 103
  7.3.3 按时间序列的 DEA 效率影响分析 104
 7.4 按成果类别的水利科技推广计划效率测算结果及分析 ... 105
  7.4.1 按成果类别的 DEA 有效性分析 105
  7.4.2 按成果类别的 DEA 超效率排序 106
  7.4.3 按成果类别的 Malmquist 效率分解 108
  7.4.4 水利科技推广计划的投入-产出数据调整 110

第8章 水利科技推广计划成效技术溢出效应评估 112
 8.1 水利科技推广技术溢出内涵及影响因素 112
  8.1.1 水利科技推广技术溢出内涵 112
  8.1.2 技术溢出的影响因素 112

8.2 水利科技推广计划技术溢出路径及模型构建 …… 115
8.2.1 水利科技推广计划技术溢出路径 …… 115
8.2.2 内部技术溢出模型构建与指标选取 …… 116
8.2.3 创新指数的测算 …… 117
8.2.4 外部技术溢出模型构建与指标数据 …… 120
8.3 水利科技推广项目技术溢出绩效测算 …… 121
8.3.1 不同项目类别间技术溢出测算结果及分析 …… 121
8.3.2 流域项目间技术溢出测算结果及分析 …… 124
8.3.3 水利科技推广项目外部技术溢出效应测算及分析 …… 127
8.3.4 综合结果分析 …… 128

第9章 水利科技推广计划成效管理绩效评估 …… 131
9.1 管理绩效的内涵 …… 131
9.2 管理绩效调查问卷设计 …… 132
9.2.1 调查问卷设计原则 …… 132
9.2.2 调查问卷流程设计 …… 133
9.3 管理绩效结构方程构建及综合分析 …… 133
9.3.1 信度分析及检验 …… 134
9.3.2 结构方程模型构建及参数估计 …… 134
9.3.3 管理绩效综合结果分析 …… 139

第10章 水利科技推广模式与机制创新 …… 141
10.1 构建水利科技成果圈层推广体系 …… 141
10.1.1 核心圈层(区域层)的水利科技推广 …… 141
10.1.2 宏观圈层(全国层)的水利科技推广 …… 142
10.1.3 开放圈层(全球层)的水利科技推广 …… 143
10.2 建立水利科技成果多样的转化模式 …… 144
10.2.1 项目转化模式 …… 145
10.2.2 示范园区模式 …… 145
10.2.3 技术市场模式 …… 145
10.2.4 企业转化模式 …… 146
10.2.5 咨询服务模式 …… 146

10.3 构建水利科技推广金融支持多样化模式 ………………… 147
   10.3.1 水利科技推广项目的政府分类支持模式 ………… 147
   10.3.2 水利科技推广不同阶段的金融支持模式 ………… 148
10.4 建立健全水利科技推广激励机制 ………………………… 151
   10.4.1 完善政策激励机制 ………………………………… 151
   10.4.2 完善绩效考核激励机制 …………………………… 153
   10.4.3 完善水利科技推广队伍培训机制 ………………… 154

参考文献 ………………………………………………………… 155

附录1 水利部科技推广计划管理绩效调研方案 ……………… 161

附录2 水利部科技推广计划管理绩效调查问卷 ……………… 163

第1章

导 论

1.1 研究背景

当前,世界新一轮科技革命和产业变革蓬勃兴起。党的十八大以来,习近平总书记和党中央高度重视科技创新和国家水安全问题,把创新摆在国家发展全局的核心地位,实施创新驱动发展战略,把水安全放在事关国家安全的战略高度,作出一系列重大部署,提出一系列新思想、新观点、新要求。近年来,国家关于促进科技创新的系列政策密集出台,各地区、各部门也制定了实施创新驱动的配套措施。依靠科技创新建设创新型国家,全面支撑社会经济高质量发展已成为共识。

创新政策的完善和实施离不开技术创新对其的支持和引导。具体可以分为以下几个方面:一是加强基础研究水平,具体措施包括通过国家实验室和综合性国家科学中心等的建设,联合各科研单位,为技术研发提供持续性的支持。二是实现应用研究产业化,依托企业和市场构建新型创新机制,实现新兴产业领域和经济增长点。三是推进协同创新水平,基于互联网平台,实现高校、研发机构、科研院所、企业的互联互通,提高人才、技术、资源等各要素的协同能力,提升传统产业,培育新动能。同时,通过政策体制的改革激发科技创新活力,推进科技领域的政策制度实现优化改革,其中,在人才聘任、成果分配等方面给相关单位更大的自主权利,利用激励措施,链接创新精神、企业家精神、工匠精神,实现科技成果转化的畅通途径,加大财政科技投入,完善科研活动评估机制,加强知识产权保护。

1.1.1 科技创新是国家实施创新驱动发展战略的核心

科学技术是第一生产力,是推动经济社会发展的重要动力源泉。党的十八大以来,党中央始终把科技创新摆在国家发展全局的核心位置,提出了关于促进科技创新发展的一系列重大新思想、新论断、新要求。近年来,党中央、国务院在实施创新驱动发展战略、科技体制改革、强化科技创新工作方面密集出台了一系列政策措施。2015年,中共中央、国务院印发《关于深化体制机制改革 加快实施创新驱动发展战略的若干意见》(以下简称《意见》),充分体现了党中央和国务院对创新驱动发展相关工作的高度重视。《意见》指出,要"把科技创新摆在国家发展全局的核心位置"。习近平总书记强调,要以科技创新为核心实现创新驱动发展。《意见》在推动科技创新的若干方面均指出了明确的实施措施。具体包括,在促进成果转化方面,要求推动科技成果的转化效率,提高科技成果的处置使用灵活度,将相关收入反馈给相关研发单位和个体。在科技金融联合方面,通过优化统筹天使投资等对初创期企业的投资活动相关税收支持政策,实现税制改革。在基础研究方面,对原有计划组织方式进行改革,实施全新的项目实施形式。同时,《意见》指出应构建创新政策的协调审查机制,通过审查新政策是否阻碍创新活动,通过废止阻碍新兴产业和创新发展的政策,为创新活动的实施扫清政策障碍。另外,通过完善创新驱动的相关评估体系,并改进相关发展水平的计量方法,着重体现创新的经济价值。除了上述几个方面,《意见》更是首次提出将创新驱动发展成效纳入有关地区的领导绩效评估范围,此举将促使各级党委、政府进一步重视创新驱动发展工作,实现全国推动科技创新发展的热潮。

当前,社会经济的发展对科技创新的依存度前所未有,基于科技创新的全球性合作与竞争并存,科技创新的快速发展影响深远。在此背景下,我国的科技创新在面临战略机遇的同时也面临严峻挑战。面对新的国际科技创新形式,我国目前的自主创新实力仍不够强,相关机制体制与国际范式不相符,主要表现为:在企业方面,企业作为创新主体的地位还未确立;在研究方面,产学研结合不够紧密,缺乏原创性的技术研发,还未能够实现技术的自给自足;在科技资源方面,资源配置效率较为低下,科技项目和科技经费的管理不合理,导致技术创新的转化效率不够高;在科技评估方面,有关人员的积极性和创造性不足,导致创新文化薄弱。上述科技创新相关问题已成为制约我国科技创新的重要因素,影响我国科技创新水平的提升。因此,需要进一步深化科技体制改革,通过国家相关体制建设,实现创新驱动发展。党的十八届五中全会对于国家未来5年的规划之中,水利是国家五大发展中的一员,同时也是八大基础设施网络建设的重要方面,国家针对水利建设作出一系列战略部署,提出新的明确要求。在此背景下,需要加强创新对于水利建设的支持作用,创新由创新链、产业链、资金链、政策链相互链接而成,科技创新、制度创新通过协同发挥作用,引领创新的全面发展。

1.1.2　提升科技成果转化的质量和效率是创新的重要举措

2016年3月,国务院印发《实施〈中华人民共和国促进科技成果转化法〉若干规定》(以下简称《规定》)。《规定》针对成果转化的难点与堵点,提出了切实可行的规定性意见,进一步贯彻落实"大众创业、万众创新"的指导思想,对各类创新与转化的法人主体和科技从业人员都提出了激励性措施,旨在进一步实现经济的提质增效升级。《规定》鼓励先进技术成果的持有单位采用技术转让和许可等多种方式,对企业等创新主体进行成果所有权转移,从而实现科技成果的转化。具体来说,应提高相关研发机构和高校对于自身科技创新成果的决策度和掌控度,完善相关科技成果转化机制,使企业和研发机构的交流合作更加便利。《规定》明确,提升相关科技研发人员实现科技成果转化的奖励。具体来说,明确相关领导在科技成果转化中的收益实现形式,同时针对国家科研单位和高校的相关研究人员,提升其从业灵活度,促使其主动和企业交流,从而推动科技成果的加速转化。《规定》提出,应加大对科技成果转化绩效高的研发机构和高校的支持力度。通过落实促进科技成果转化的相关政策,实现国家自主创新示范区税收试点政策的全国推广,支持科技成果转化。为此,各级政府应加大对相关政策实施的配合力度和宣传力度,加大对研究人员和单位科技创新的支持力度。

1.1.3　技术转化问题已成为学术研究关注的焦点

在学术研究方面,近年来国内外对技术转化问题给予了极大关注。相对于我国学术界较常用的"科技成果转化"概念,国外学术研究大多描述为"技术创新及生产力的实现"。"创新经济学之父"熊彼特1912年在《经济发展理论》中提出经济发展就是执行新的组合,即经济发展就是创新,创新就是"建立一种新的生产函数"。之后,"创新理论"进一步发展,丰富完善了西方创新经济学:一是技术创新经济学,主要是强调科技创新本身,以创新行为和产出为研究对象；二是制度创新经济学，以保障创新所需的制度发展与变革等限定条件为研究对象。其中，曼斯菲尔德研究所谓"模仿"（imitation）和"维持"（maintenance）的关系，并提出"技术转化模式"，该模式主要目的是说明在企业应用新技术后，该技术需要多少时间才能够被其余多数企业所认同并广泛应用，同时引入"模仿率"（imitation rate）和"模仿比例"（imitation ratio）来说明新技术的采用和扩散。英国经济学家 Freeman、美国经济学家 Richard. R. Nelson 等人提出了国家创新体系的概念，从国家政策制定的视角研究生产力实现的机制，关注国家行为下创新主体各项制度的作用及关联影响。Catingno 等人研究了科技成果产生与转化的途径，对其机理与机制进行了分析，主要观点包括：企业提升技术创新的主要途径包括自主研发、与外部联合开发和购买交易等模式，不同的方式都是通过成果转移实现技术创新的有效手段。

国内研究方面，田高、袁虎在对传统科技成果实现过程中的问题进行探究的基础上，提出了基于市场需求的新型科技成果推广方式。于祥龙、朱要霞在其研究中提出技术联动传播的实现途径模式：一是建立技术产权联合市场；二是构建由政府、企业、高校、科研院所、社会机构组成的复合型网络体系，打造多元化的技术中介机构；三是政府制定政策并出台有关制度，建立跨区域交流机制。晏敬东等基于科技成果转移具有的高风险特征，从动力、环境、市场、风险、支撑五个方面对科技成果转移的运行机制进行系统分析。华鹰分析技术转移的源头，认为技术创新只有通过技术转移的扩散作用才能够促进经济的发展，并从技术的成熟度、技术匹配状态、技术转移的数量、规模和速度等方面作出分析。王瑾基于中国省际面板数据的实证研究，发现技术引进和转移对于环境规制有益。肖灵机、黄亲国认为，鉴于技术市场本身的不确定性和研究的难度，把其称作是黑箱，科研院所等技术持有单位与技术需求的企业在进行技术转移交易时，可以视作合作博弈，参与新技术引进的企业间主要形式是非合作连续博弈。郑江绥指出，与发达国家相比，技术转移是我国国家创新体系中最薄弱的环节，技术转移需通过整合现有技术转移的资源，构建跨区域的技术转移体系，需要畅通"政、产、学、研"各要素与环节的紧密结合与交互，为培育技术转移中介的发展创造良好环境，提升技术转移转化的水平与能力。

由以上可以看出，目前结合水利行业领域进行水利科技推广机制与组织模式的研究还处于起步阶段，尚没有系统、深入的理论研究，少有结合水利行业本身的特点，系统分析行业内技术成果转换机制、组织模式的文献，结合水利技术管理实践,深入分析水利科技推广项目机制与组织模式,构建高效的水利行业科技成果推广体系,切实提高水利科技推广的管理效率显得尤为重要。

1.2 研究意义

1.2.1 理论意义

当今世界,科学技术日益成为经济社会发展的决定性力量。科技创新的优势决定了未来发展的空间。党中央审时度势,深刻把握世界发展趋势,立足百年奋斗目标和全面实现中华民族伟大复兴的历史使命,始终高度重视科技创新工作,进一步作出了建设创新型国家的重大战略决策。党的十八大明确提出要实施创新驱动发展战略,并将其作为加快转变经济发展方式的一个重要内容。习近平总书记特别强调,实施创新驱动发展战略决定着中华民族前途命运。全党全社会都要充分认识科技创新的巨大作用,敏锐把握世界科技创新发展趋势,紧紧抓住和利用好新一轮科技革命和产业变革的机遇,把创新驱动发展作为面向未来的一项重大战略实施好。创新驱动发展是党中央、国务院顺应时代发展,着眼我国经济社会全局作出的重大战略决策和部署。习近平总书记在"3·14"讲话中,专门就水利科技成果的推广应用作出明确指示,要求在深化改革方面提出相应对策,破除思想观念和体制机制障碍,发挥先进适用技术对保障水安全的支撑作用。

党和国家历来高度重视水利和科技创新工作,国家中长期科学和技术发展规划纲要把水资源列入国家科技发展的重点领域和优先主题,为水利发展及科技创新指明了方向。经过几十年的持续建设,我国抵御水旱灾害及水资源调配与保障能力得到根本性提升。但我国水资源情况复杂,人口众多、人均水资源量不足,南方水多北方水少、降水多集中在夏季季风期,与国土资源和社会经济发展不相匹配的水资源状况没有得到根本改变,新老四水问题相互交织,多年来用水效率不高的情况依然客观存在,因此,必须从战略和全局的高度,进一步提高对水利科技工作的认识,充分认识科技创新对于实现水利高质量发展的重要支撑保障作用,适应改革发展要求,依靠科技创新,提高自主创新能力,全面提高水利科技的整体实力和水平,完成历史赋予水利行业的重要使命和责任。

水利现代化是国家现代化的重要内容，是实现国家现代化的重要基础和保障，水利现代化的关键是水利科技的现代化。水利行业的公益性、基础性特性决定了水利科技成果的产生和推广转化活动带有很强的公益性。从水利科技成果鉴定情况来看，一般水利科技项目结题后实施成果鉴定，之后在现实中转化应用少则需要1~2年时间，而较为复杂、集成应用、关键性技术从中试、转化到推广大多需要3~5年，形成规范并完成技术产品迭代需要更长时间。根据《水利科技统计报告(2011—2016)》，在此6年间，水利全行业口径完成验收或结题项目25492项，通过省部级鉴定成果2374项，占成果总数不足10%。而通过省部级推广与示范类项目立项的推广技术成果679项，科技产业化成果113项，约占鉴定成果比例为33%，水利科技成果转化率仍处于较低水平，与世界先进国家相去甚远，也低于农业、林业、交通等国内相近行业水平。大量水利科技项目实施并完成验收后，很多项目并未产生能够进行推广转化的实用成果，尚没有对生产实际起到良性促进和提升作用，科技的支撑作用远未发挥。我国是世界上治水任务最为繁重、治水难度最大的国家之一，贯彻落实中央决策部署和治水思路，不断加强顶层设计，深化体制机制改革，强化水利战略科技力量，切实加强先进实用技术成果的推广应用，明确提出不断提升科技创新能力和科技攻关水平的要求，以高水平的科技自立自强支撑引领新阶段水利高质量发展。为此，应围绕节水、水文水资源、水旱灾害防御、水生态保护与修复、水利工程建设运行与管理、河湖治理与生态复苏、农村水利水电、水土保持、智慧水利等重点领域以及流域重大水利科技问题，从基础和应用技术研究、关键技术和设备研发等层面实现创新突破，以新技术成果的推广应用，为保障供水安全、防洪安全、生态安全、工程运行安全及全面提升水利智慧化水平提供坚实的科技支撑。要使水利工程成为创造大量先进科技成果的基地，成为先进科技推广应用的舞台，成为各种先进科技成果推广应用的示范窗口。水利科技成果和高新技术的推广转化与应用取得新突破、新成效，是支撑水利实现现代化的必然要求。

1.2.2 实践意义

水利科技成果的转化工作是水利科技事业的重要组成部分，是促进经济与科技相结合的重要环节，是科技成果转化为现实生产力的关键。我国水旱灾害频发，社会经济发展与水资源、水环境问题时空交织重叠，治水难度与复杂程度世界少有。为解决新老四水问题，必须坚持"十六字"治水思路和科学治水方针，推动水利高质量发展，组织开展基础研究和应用基础研究，强化科技成果推广应用，加大创新平台能力建设，积极破解重大科技问题，进一步提高水利对经济社会发展的保障能力。

我国的水利科技推广组织体系建设起步较晚，科技推广工作基础差，底子薄，难度大，制约工作开展的政策支撑问题、资金投入问题、机构人才问题、体制机制问题等远未解决，阻碍了科技创新的开展。受体制的制约，科研部门关注的项目立项建议主要源自自身学科建设方向与兴趣，以需求导向、问题导向为原则的科研创新机制尚未完全建立，科研课题的选题、立项，关注点与目标集中于完成任务和鉴定、报奖、评职称等环节，水利科技成果产业化程度低，产业化难度大，研究和应用相互脱节，开发的成果难以满足实际需求。大部分水利科技成果的应用效益明显，但不能产生直接经济效益，导致企业和社会力量参与水利科技的动力不足，从而造成水利科技成果的开发主体单一，科技投入主要依赖政府，水利科技投入主体单一，经费投入不足导致水利科技成果供给不足，难以满足水利事业快速发展的要求。而水利推广组织体系不健全，在很大程度上使得水利先进技术推广工作缺乏组织保障。虽然水利部在20世纪90年代成立了部级科技推广中心，专门负责水利科技推广的组织、协调、管理，但是除浙江、河北等少数省份外，大多数流域管理机构和省级水行政主管部门尚未设立专门的科技推广机构，地市级以下的水利科技服务体系更是不健全，基层的水利服务站点和队伍严重不足，科技推广工作难以有效开展。此外，科技信息系统不完善，快速高效的水利行业科技信息管理系统尚未建立，使科研单位、生产企业和基层单位之间的沟通渠道不畅。科技推广滞后仍然是水利科技工作的薄弱环节，科技推广工作滞后影响了水利科技创新的步伐，远远不能适应我国水利科技发展的需要，必须加快科技推广工作的创新，以适应新时期水利发展的要求。因此，研究水利科技推广工作的现状和存在的问题，研究水利推广机制与成果转化模式，将有助于我国科技推广类项目组织、管理、实施水平的提升，有助于进一步完善我国科技推广体系，提高财政资金使用效率，为新时代水利高质量发展提供科技牵引与支撑。

第 2 章

水利科技推广计划实施情况

2.1 水利科技推广计划基本情况

2.1.1 水利科技推广的相关概念

(1) 科技成果

科技成果是指由法定机关(一般指科技行政部门)认可,在一定范围内经实践证明先进、成熟、适用,能取得良好经济、社会或生态环境效益的科学技术成果,其内涵与知识产权和专有技术基本一致,是无形资产中不可缺少的重要组成部分。2015年修订的《中华人民共和国促进科技成果转化法》中所称科技成果,是指通过科学研究与技术开发所产生的具有实用价值的成果。职务科技成果,是指执行研究开发机构、高等院校和企业等单位的工作任务,或者主要是利用上述单位的物质技术条件所完成的科技成果。

(2) 科技成果转化

科技成果转化涵盖了从知识创新到最终形成生产力的过程中每个步骤之间需要的转化,更偏重于创新过程的后部,即应用类科技成果转化为现实生产力带来实际经济效益的部分。2015年修订的《中华人民共和国促进科技成果转化法》中所称科技成果转化,是指为提高生产力水平而对科技成果所进行的后续试验、开发、应用、推广直至形成新技术、新工艺、新材料、新产品、发展新产业等活动。可以看出,科技成果转化注重科技成果转化为生产力并产生经济社会效益的程度。

(3) 科技成果推广

区别于科技成果转化的定义,科技成果推广是指科技成果在实际生产应用中的延续及扩大使用。因此,二者相比,科技成果转化侧重于强调新产品、新工艺的形成,而科技成果推广则更强调扩大使用规模。科技成果转化和推广这两个过程是一致的、同时发生的,但延续过程的时间长度是不同的。科技成果推广可以看作科技成果转化的量不断累积增加的过程。科技成果转化与推广的概念界定及侧重点见表 2-1。

表 2-1 科技成果转化与推广的概念界定及侧重点

概念	界定	侧重点
科技成果转化	科技成果经后续试验、开发、应用等直至形成新产品、新工艺、新材料,发展新产业等活动	侧重于科技成果物化为新产品、新工艺、新材料这一过程
科技成果推广	科技成果在生产实践中的延续使用和扩大使用	侧重于对成熟的科技成果进行大范围的应用

(4) 水利科技成果推广

水利科技成果是指为满足水资源需求,在经济、社会、民生上对水利相关产品进行科技创新的成果总和。结合水利产业基础设施建设及其科技创新的公益性实践,水利科技成果是指人类为建设人水和谐的社会、满足社会经济可持续发展的民生水利需求,运用多学科领域的创新成果。具体方式可分为技术的吸收引进、新技术的创造、现有技术的改进以及水利技术和非水利技术的融合等。

水利部发布的成果汇编及公报中对水利科技成果的分类有以下几种:第一,《"十四五"水利科技创新规划》将水利科技成果分为水文水资源、水旱灾害防御、水生态保护与修复、水利工程建设与运行、河湖治理、农村水利水电、水土保持、智慧水利等;第二,水利部技术标准查询系统将水利科技成果分为水文、水资源、水生态水环境、水利水电工程、水土保持、农村水利、水灾害防御、水利信息化等;第三,《2019 年水利科技成果公报》将水利科技成果分为水文水资源、防灾减灾、水环境与生态、水利工程建设与管理、水工结构与材料、农村水利、河湖治理、水土保持、高新技术应用等。这些划分方式主要围绕不同时期的水利中心工作,但大体都与水利主管部门的业务密切相关。

水利科技推广计划根据水利科技成果的主要应用领域,在组织实施中将科技成果划分为七大类别,包括:农村水利、水利工程建设管理、水文与信息化、水土保持与生态、水资源水环境、防汛抗旱减灾、宣传培训。其中,农村水利类主要是指为解决农业增产问题而提出的所有与水利相关的科技成果总和;水文与信息化类主要是指在水文水资源、水环境勘测和水利信息收集中应用的信息化技术;水资源水环境类主要是指水资源的持续开发利用、流域规划、水生态环境与水资源承载力恢复等技术;防汛抗旱减灾类主要是指对于洪水、山洪、涝渍、干旱等由水资源因素引发的灾害性问题的控制及消除技术。

2.1.2 水利科技推广计划

水是生命之源、生产之要、生态之基。兴水利、除水害,事关人类生存、经济发展、社会进步,历来是治国安邦的大事。水利是现代农业建设不可或缺的首要条件,是经济社会发展不可替代的基础支撑,是生态环境改善不可分割的保障系统,具有很强的公益性、基础性、战略性。加快水利改革发展,不仅事关农业农村发展,而且事关经济社会发展全局;不仅关系到防洪安全、供水安全、粮食安全,而且关系到经济安全、生态安全、国家安全。水利科技创新是促进水利事业发展的重要动力,也是建设创新型国家的重要内容。科技推广是科技工作非常重要的组成部分,科技成果只有经过推广应用,才能真正转化为现实生产力。

水利科技推广中心是负责水利科技成果推广的管理机构。我国与水利科技成果推广相关的主要科技计划有:水利部重点科技成果推广计划项目、国家科技成果重点推广计划项目、国家农业科技成果转化资金项目、国家科技型中小企业技术创新基金、国家星火计划项目管理、水利部引进国际先进水利科学技术计划("948"计划)、现代水利科技创新计划、科技基础性工作专项、国家软科学研究计划、科技基础条件平台建设计划等水利科技计划。水利科技推广计划(以下简称"推广计划")是水利科技计划体系的重要组成部分,2003年设立,推广工作围绕水利中心任务,采取"面上推介培训、点上示范指导"的方式,大力开展了优秀科技成果的推广转化与应用,并通过实施国家水利科技成果转化资金项目、水利部重点科技成果推广计划和地方科技推广计划,将约500项先进实用的水利科技成果进行转化推广,在农村水利、工程建设管理、水文与信息化、水土保持与生态、水资源水环境、防汛抗旱减灾、宣传培训等各个领域发挥了积极作用。水利科技推广计划项目是国家、各级政府、部门或有关团体为推广水利科技成果和先进水利实用技术,促进水利行业发展,出资并组织实施的水利技术推广活动,以实施水利科技项目为载体,达到推广水利技术的目的。

2.1.3 水利科技推广特征

（1）水利科技成果的特征

水是万物生命之源,也是基础的自然资源,又是一个国家战略性的经济资源。科学技术作为第一生产力,也在经济社会的发展中占有重要地位,围绕水利科技的活动大多可以看作人类的经济活动或经济行为。一旦涉及某种资源或产品的行为被认为是经济行为,那么这种行为就应该遵循经济的一般规律,即该种资源的配置,产品的生产、供给、消费等均应符合市场经济的一般规则。综合看来,水利科技成果具有如下特征。

① 公共产品

公共物品和私人物品是两个相对的概念,经济学家区分二者的标准是公共物品具有非排他性和非竞争性,而私人物品具有排他性和竞争性。按照该标准,水利科技成果既是公共物品又是私人物品。水利工程可以满足人们生产生活需求,保障粮食产出和减少洪涝灾害危害,发展水利事业,亦可开发高新技术、发展新兴产业、促进社会就业、增加消费需求、刺激经济增长、提高人民生活水平,是典型的公共行为,它所提供的产品是典型的公共物品,水利科技所带来的利益全体国民均可享受,是非排他和非竞争的。但水利科技的科研生产活动又具有明显的经济属性,政府、科研机构和高校通常是在一定合作协议的基础上进行研发,水利科技成果的价格也要服从市场价值规律。因此,水利科技成果在整体上具有公益性,但又必须按市场规律去运行,是一种准公共产品。

② 战略性

2011年中央一号文件锁定我国水利事业,将其确定为我国的战略性产业,这一举措既是对水利科技在国家发展中作用与地位的高度肯定,也是对我国产业经济学理论发展的进一步深化。水利科技对一国的国家安全和经济增长有着双重的作用,同时也是促进科技进步和经济发展的重要力量。不少经济学研究结果表明,在市场经济体制下,水利投入本身也是一种生产性投入,其投资乘数、就业乘数、地区乘数并不低于其他产业投资,并且水利科技对其他经济部门的溢出效应很高,所以投资水利科技本身就可以促进提升一个国家的整体科技工业基础。显然,水利科技成果需要国家从战略层面高度重视和大力支持,加强水利科技成果管理,加速科技成果转化与推广,促进水利科技进步。

③ 资源配置与市场失灵

市场经济是通过市场供求的变化，由价格调节资源分配，引导经济运行的资源配置方式。但是，现实的市场机制在资源配置方面并非完美无缺，在很多情况下不能实现资源的有效配置。例如，外部影响和公共产品问题都会导致资源配置失灵。经济人从经济行为中产生的私人成本和私人效益，若不等于该经济行为所造成的社会成本和社会效益，即认为产生了外部影响，外部影响又分为外部经济和外部不经济。若生产者采取的行为对他人产生了有利影响，但自己不能从中获得报酬，便产生了生产的外部经济和内部不经济。一般来说，外部经济会抑制该种经济行为，如果这种行为导致的产品和服务又是社会所必须的，那么，这种在市场机制下难以正常进行的行为就必须由政府加以干预。而外部不经济对主体以外的整个社会、公众及正常的市场运行会造成危害，为市场经济的公平和效率所不允许，必须用法律和政策进行调整。由于外部影响和公共产品问题均会造成市场失灵，导致资源难以优化配置，这种经济行为必须在市场机制以外，用国家的力量和意志加以调整。

(2) 水利科技成果推广的特征

① 成果效用的外部性

水利科技成果具有准公共产品的属性，因此具有较强的外部性。萨缪尔森在《经济学》中将外部性定义为一些人的活动使另一些人受益或受损，但前者无法向后者收费或补偿。对于科技成果推广活动而言，外部性是指由于科技成果的推广促进了其他产业的技术、生产力水平提升的现象。水利科技成果推广的外部性通常体现在对于工业、农业、林业等产业的增值增效功能，以及使其他产业彰显创新效用的传导功能。例如，滴水灌溉技术的推广，不仅可以节约水资源，而且可以促进当地农业农村经济发展，取得显著的经济效益。表明水利科技成果推广活动带来了农业农村经济的增长，具有显著的社会传导性功效。另外，水利科技成果推广的外部性会引发"市场失灵"，即无法通过市场机制对科技成果推广的供需进行调节，这在一定程度上阻碍了以营利为目的的投资主体对其的投入，使得推广活动难以有效吸引投资机构、企业及社会资金，造成科技推广资金投入无法满足现实需求的情况。

② 成果收益的不确定性

水利科技成果推广活动一方面与其他经济活动相同，具有收益最大化的最终目的，另一方面需要大量资本投入，此时科技成果被应用的前提就是科技成果带来的预期收益会大于科技成果推广的投入成本。但投资者的有限理性和各方面环境复杂的不确定性，使得水利科技成果推广的最终结果并不能得到准确的预测，水利科技成果推广应用后所能带来的收益也就难以明确，将会影响科技成果推广活动的开展。另外，水利科技成果推广时进行长期持续的科技活动，通常需要数年时间，经过科技成果推广项目、示范区域试验、市场化、大规模应用等阶段。水利科技成果推广过程中的每一阶段都需要根据市场需求制定阶段目标，并持续跟踪，对阶段成果进行评估和再完善以及时调整推广活动。毫无疑问，水利科技成果推广的每一阶段都需要有资金的支持，这种资金需求量还会随着水利科技成果推广的进行而逐步增加，但由于存在时滞，可能会出现推广结果不理想，难以实现预期收益和利润目标的情况。

③ 成果推广过程的风险性

水利科技成果推广的过程中存在技术风险、市场风险、投资风险和信息不对称问题等。其中，技术风险是指科技成果在推广过程中因技术相关问题引起的试制失败和投产延期而导致的风险；市场风险主要来自市场对于科技成果的认可程度，科技成果是否满足市场需求，是否能及时推广、保持时效性是核心关注点；投资风险是科技创新与科技成果具有的共性，在一项水利科技成果未完全推广应用前，对于水利科技成果推广投入的资本始终面临较大风险；信息不对称问题是由于我国水利科研与市场结合并不紧密，信息沟通渠道不畅，同时水利科研主要由国家支持，市场化动力不足，造成水利科技成果推广活动的信息不对称。因此，合理规避水利科技成果推广的风险需要构建完善高效的推广模式。

2.2 水利科技推广计划投入与进展

2.2.1 水利科技推广计划组织体系

（1）水利部科技管理直属系统

我国的水利科技推广工作主要由水利部国际合作与科技司（以下简称"国科司"）负责，其机构职责包括：负责水利科技工作，组织研究水利科技政策；组织编制水利科技中长期发展规划、计划并指导实施；负责水利科技项目和科技成果的管理工作，组织重大水利科学研究、技术引进与科技推广工作；

组织指导水利科技创新体系建设，指导部属科研院所的有关工作以及部级重点实验室和工程技术研究中心的建设与运行管理。

水利部科技推广中心成立于1993年12月，其前身是水电部科学技术委员会条件处，是经中编办批准的水利部综合事业局所属具有法人地位的差额补贴事业单位。2000年经水利部批准，隶属于水利部综合事业局。受水利部国际合作与科技司委托，中心承办国家级和部级水利科技计划项目的管理工作，负责水利行业重大科技成果管理，组织科技推广与科技成果鉴定、登记及奖励工作，负责水利水电重大装备和技术的研制开发与引进工作，承办水利行业知识产权、科技保密、技术市场等管理工作，科技中介服务等。2004年经水利部国际合作与科技司批准，取得了从事水利科技项目招标投标与水利科技评估工作的资格，水利科技推广工作由国科司归口管理。水利部科技推广中心承担行业推广规划编制、推广体系建设、重大推广活动组织、推广项目组织实施等管理工作。水利部各业务司局分别负责指导协调相应业务的科技推广工作，七大流域机构的科技推广工作由科技局（处）负责，黄河水利委员会2006年设立了黄河水利委员会水利科技推广中心。

（2）流域及省级组织体系

水利科技成果推广组织体系是推动水利科技成果在水利行业转化、推广、应用的重要载体，各流域机构、省（自治区、直辖市）水利厅（局）十分重视水利推广服务体系的建设。目前各流域机构、省（自治区、直辖市）水利厅（局）均由科技部门承担水利科技成果推广的管理工作，主要包括制定当地或本流域的科技推广规划和政策，并负责贯彻实施；负责水利科技人才的培养；指导基层开展水利科技推广等。水利科技成果省级推广组织见表2-2。

表2-2 水利科技成果省级推广组织

省级推广机构	数量	省（自治区、直辖市）
专门机构	4	浙江、河北、广东、云南
挂靠机构	7	吉林、河南、山东、江西、四川、湖北、贵州
省部共建工作站	6	黑龙江、辽宁、福建、天津、山东、安徽
省水利厅（局）科技处	12	北京、上海、江苏、湖南、广西、甘肃、重庆、青海、宁夏、新疆、内蒙古、陕西

① 专门机构

专门机构是指各流域机构、省水利厅内部设置的专门负责水利科技成果推广的组织，且该组织配备了专职人员并为其提供办公场所与经费，该专职人员在相关法律法规的指导下从事水利科技成果示范、转化、推广活动。如黄河水利委员会、河北省、浙江省、广东省、河南省、江西省均成立了水利科技推广中心。其中,黄河水利委员会科技推广中心隶属于黄河水利委员会,浙江省水利科技推广与发展中心、河北省水利技术试验推广中心、广东省水利水电技术中心均隶属于省水利厅,因此,河北省、浙江省、广东省、黄河水利委员会均设置了水利科技成果推广的专职机构。

② 挂靠机构

挂靠机构是指主要负责水利科技成果的示范、转化、推广服务的组织,该推广组织直属于省水利厅,其人员可从省直属水利科学院或水利协会现有编制中调剂解决。例如,河南省水利科技推广中心由河南省水利厅科技处指导、挂靠于河南省水利科学研究院,所需人员从水利科学研究院现有编制中调剂解决;江西省水利科技推广中心业务上受江西省水利厅对外合作与科技处指导、挂靠于江西省水利协会;四川省水利科技推广总站挂靠于四川省水利科学研究院。也就是说,江西、河南、四川3省的水利科技推广中心(推广服务总站)挂靠在省水利厅的直属机构(水利科学研究院或水利协会)。

③ 省部共建工作站

省部共建工作站是指水利部与省水利厅合作共建的平台。工作站成立后,将通过整合水利部与省的科研设施和技术力量,以加快技术推广为核心,有效开展政策研究、技术研发、技术咨询、推广指导等工作,提升各省市整体科技水平,为全国其他同类地区提供可借鉴的政策措施、技术体系和管理经验。

④ 省水利厅(局)科技处

省水利厅(局)科技处直接管理水利科技成果推广服务。例如,北京市、上海市、江苏省、湖南省、湖北省、甘肃省、宁夏回族自治区的水利科技成果推广服务由各省(自治区、直辖市)水利厅的科技处直接管理。长江水利委员会、海河水利委员会、松辽水利委员会、珠江水利委员会、太湖流域管理局5家流域机构的水利科技成果推广服务也由其相应的科技部门管理。

(3) 地市及以下组织体系

根据水利行业特点,基层的水利科技推广工作多由灌溉实验站、推广服务站(中心)、水利站、水保站或农业综合技术服务站承担,体制上为属地化管理,其主要任务是协助市县水利局承担所在地区的农村水利新技术、新措施的推广应用。健全的推广组织体系是公益性水利科技成果得以快速推广应用的基本保障。但是原作为基层水利科技成果推广服务承担者的水利站、水保站等部门,经乡镇机构改革后,大部分被撤销或与大农业合并,剩下来的农水(灌区、灌溉试验站)、水保(监测站点)、建管(水库、水管单位)、水文(站点)则被赋予了包括"水利工程的规划计划、建设管理、防汛抗旱、水利新技术推广"在内的多种职责。其中,河北、山东两省的体系建设较为健全。河北省自2005年开始着手建立基层农业技术推广体系,全省130多个县都已上报了技术推广机构实施方案,待省政府审批;山东省有10个市设立了专门的水利科技管理机构,95个县(市、区)成立了水利科技推广中心,1400多个乡镇设有科技推广站或服务队。除此之外,其他各省(区、市)尚不具备完整的省、市、县技术推广服务体系。

2.2.2 水利科技推广计划资金投入分析

推广计划自设立实施十多年来,共立项320个,共计投入资金约4.9亿元,国拨资金约2.3亿元,地方自筹资金约2.6亿元,涉及农村水利、防汛抗旱、水资源、水土保持、建设与管理、水文水资源、宣传培训等内容,基本涵盖了水利的各个专业领域。承担单位涉及27个省(市、区)、6个流域机构、45个科研单位以及部分直属单位和高等院校等。具体情况如下:

(1) 按时间排序的资金投入

根据水利部科技推广中心资料,按时间整理水利科技推广计划项目数量和资金投入,具体见表2-3和表2-4。

表 2-3 水利科技推广计划项目数量安排　　　单位:项

项目年度序列	验收完成项目	项目年度序列	验收完成项目
1	18	7	22
2	25	8	72
3	20	9	48
4	21	10	24
5	20	11	35
6	15		
合计		320	

表 2-4 水利科技推广项目资金投入　　　单位:万元

项目年度序列	国拨资金	自筹资金	资金总和
1	800	3843.24	4643.24

续表

项目年度序列	国拨资金	自筹资金	资金总和
2	800	528.4	1328.4
3	800	1154.4	1954.4
4	800	6635	7435
5	800	3154.2	3954.2
6	800	344.6	1144.6
7	920	1560	2480
8	4500	1752.7	6252.7
9	4500	1340.43	5840.43
10	4000	5052	9052
11	4500	615.38	5115.38
合计	23220	25980.35	49200.35

数据来源：水利部科技推广中心。

表 2-4 显示，推广项目水利科技推广在整个计划执行前期，经费强度大约为 800 万元/年，项目平均支持强度为 40 万元左右，主要用于支持先进实用科技成果的中试、转化和示范。从整个计划推进中期开始，在水利部的高度重视和财政部的大力支持下，推广项目经费额度大幅增加，年度经费约 4500 万元，项目平均额度逐年增大，从 30 万元上升到 235 万元，同时集中支持了先进实用技术规模化推广应用、示范工程建设、宣传培训等活动。

（2）按项目类别划分的资金投入

水利科技推广项目，按水利科技的特点及转化需要，分为农业水利、水利工程建设管理、水文与信息化、水土保持与生态、水资源水环境、防汛抗旱减灾、宣传培训七个类别。按项目类别整理项目数量和资金投入，具体见表 2-5 和表 2-6。

表 2-5 水利科技推广项目各类别项目数量　　　　单位：项

项目年度序列	农村水利	水利工程建设管理	水文与信息化	水土保持与生态	水资源水环境	防汛抗旱减灾	宣传培训	验收完成项目合计
1	5	4	3	3	2	0	1	18
2	8	2	5	5	0	1	4	25
3	11	0	4	2	2	0	1	20
4	10	2	1	3	1	1	3	21

续表

项目年度序列	农村水利	水利工程建设管理	水文与信息化	水土保持与生态	水资源水环境	防汛抗旱减灾	宣传培训	验收完成项目合计
5	6	5	1	4	0	4	0	20
6	7	1	2	0	0	2	3	15
7	6	4	2	3	1	1	5	22
8	22	11	4	10	10	5	10	72
9	16	10	5	3	7	4	3	48
10	9	1	0	2	11	0	1	24
11	3	12	3	2	12	2	1	35
合计	103	52	30	37	44	22	32	320

数据来源：水利部科技推广中心。

表2-6　水利科技推广项目各类别资金投入

推广项目类别	验收项目数（项）	国拨经费（万元）	自筹经费（万元）
农村水利	103	9374	9909.53
水利工程建设管理	42	2792	5048
水文与信息化	30	1595	948.7
水土保持与生态	37	1801	3660.7
水资源水环境	23	2543	6058.62
防汛抗旱减灾	22	3349	304.8
宣传培训	32	1766	50

数据来源：水利部科技推广中心。

表2-5和表2-6显示，在国家加大了对水利科技推广项目的国拨经费投入强度后，水利科技推广计划项目在中期以后数量明显上升。在水利科技推广计划实施的十一年期间，从已完成验收项目的项目数量来看，农村水利项目占较大比重，其国拨经费与自筹经费投入强度也明显高于其他类别；其次是工程建设管理类，这是由于我国自然条件复杂，需要各类不同的水利工程设施来保障人民的生产生活；水资源水环境类项目数量虽然不多，但是国拨和自筹经费投入比较大，可见为了社会经济可持续发展，国家与地方政府十分重视环境资源保护。除此之外，国拨经费投入有部分用于技术推广的宣传培训。

（3）按流域划分的资金投入

流域层面的水利科技创新推广情况，按流域整理项目数量和资金投入，具体见表2-7和表2-8。

表2-7 水利科技推广项目各流域项目数量　　　　　　　　单位:项

项目年度序列	长江	黄河	珠江	海河	淮河	松花江	太湖
1	3	7	1	1	1	0	0
2	7	2	1	2	0	0	0
3	7	4	1	3	1	2	0
4	1	3	2	3	0	2	1
5	8	6	1	1	1	1	0
6	4	2	1	2	1	1	0
7	5	7	0	2	0	4	0
8	16	14	3	3	3	9	3
9	13	9	2	2	2	8	0
10	1	4	3	1	0	6	0
11	2	3	0	0	0	0	0
合计	67	61	15	20	9	33	4

数据来源:水利部科技推广中心。

表2-8 水利科技推广项目各流域资金投入

推广项目类别	项目数(项)	国拨经费(万元)	自筹经费(万元)
长江	67	3637	7861.82
黄河	61	4912	4725.9
珠江	15	1165	1107.73
海河	20	1118	1835
淮河	9	410	866.6
松花江	33	2500	1847.7
太湖	4	150	4786

数据来源:水利部科技推广中心。

表2-7和表2-8显示,各流域十余年来水利科技推广项目数量较多的是长江流域、黄河流域,最少的是太湖流域。从经费角度来看,长江、黄河流域无论是国拨经费还是自筹经费都较为充足;太湖流域项目数最少,国拨经费最少,但自筹资金是所有流域中比较高的,因此,发挥政府资金的引导作用,促进社会资本投入技术推广工作值得总结,社会资金引入水利科技推广项目具有重要的现实意义。

2.2.3 水利科技推广计划人员投入分析

（1）按时间排序的人员投入

根据对项目总体科研人员的职称结构进行对比分析，年度计划项目对科研人员，特别是高水平科研人员需求的差异情况见表2-9。从表2-9可以看出，每年高级职称人数都有所变化，未呈现出一定的规律性。人员投入数量在水利科技推广计划执行中期达到最大，各级部门及社会重视程度是人员投入增加的主要因素。

表2-9　水利科技推广项目历年人员投入

项目年度序列	项目总人数（人）	高级职称人数（人）	中级职称人数（人）	高级职称占比（%）	中级职称占比（%）
1	226	112	97	49.56	42.92
2	345	184	137	53.33	39.71
3	230	109	95	47.39	41.30
4	186	91	68	48.92	36.56
5	260	150	89	57.69	34.23
6	179	99	69	55.31	38.55
7	261	119	97	45.59	37.16
8	877	451	307	51.43	35.01
9	719	352	285	48.96	39.64
10	150	96	12	64.00	8.00
11	227	100	7	44.05	3.08
合计	3660	1863	1263	50.90	34.51

数据来源：水利部科技推广中心。

（2）按项目类别划分的人员投入

根据对不同技术类型项目的人均科研经费情况和科研人员职称结构进行对比分析，项目对科研人员特别是高水平科研人员投入情况见表2-10。

表2-10　水利科技推广项目各项目类别人员投入

项目类别	项目参与人员总数（人）	高级职称人数（人）	中级职称人数（人）	高级职称比例（%）	中级职称比例（%）
农村水利	1078	644	424	59.74	39.33

续表

项目类别	项目参与人员总数（人）	高级职称人数（人）	中级职称人数（人）	高级职称比例（%）	中级职称比例（%）
水利工程建设管理	542	318	189	58.67	34.87
水文与信息化	327	169	128	51.68	39.14
水土保持与生态	409	213	174	52.08	42.54
水资源水环境	325	157	145	48.31	44.62
防汛抗旱减灾	267	161	92	60.30	34.46
宣传培训	335	201	111	60.00	33.13

数据来源：水利部科技推广中心。

从表2-10可以看出，宣传培训类、工程建设管理类、防汛抗旱减灾类、农村水利类项目的高级职称比例较高，均在55%以上，说明这些项目对高技术人员的需求很大，而中级职称占比较大的是水土保持与生态类及水资源水环境类，说明这两类项目需要更多的基础科研和技术人力投入。

（3）按流域划分的人员投入

按水利科技推广项目在不同流域的人均科研经费和科研人员职称结构进行对比分析，项目对科研人员特别是高水平科研人员的需求情况差异见表2-11。从表2-11可以看出，海河、淮河、松花江流域项目的高级职称比例均在50%以上，说明这些项目对高技术人员的需求更大；而中级职称占比较大的是黄河和太湖流域，说明这两个流域的项目需要更多的基础科研和技术人力投入。

表2-11 水利科技推广项目各流域人员投入

流域	项目总人数（人）	高级职称人数（人）	中级职称人数（人）	高级职称比例（%）	中级职称比例（%）
长江	703	347	253	49.36	35.99
黄河	771	385	315	49.94	40.86
珠江	193	76	70	39.38	36.27
海河	237	126	80	53.16	33.76
淮河	114	62	41	54.39	35.96
松花江	421	220	124	52.26	29.45
太湖	35	11	19	31.43	54.29

数据来源：水利部科技推广中心。

2.2.4　水利科技推广计划产出情况

水利科技推广项目实施以来,结合生产实际需求,立项支持示范区建设、技术宣传培训和组织管理,通过发挥科技推广的以点带面、辐射带动效应,促进了水利行业技术和设备升级换代,充分发挥了科技支撑作用,取得了较为显著的成效。科技推广计划统计立项320项,国家投入资金约2.3亿元,带动地方投资约2.6亿元,完成的推广项目示范工程共4000多个,培训人数7万余人,累计产出新工艺新装置250个,专利84个,论文647篇,专著285部,辐射面积约6000万亩*,累计节水量约6亿吨,已累计产生直接经济效益近百亿元,其社会效益和生态效益更为显著。

(1) 农村水利

在农村水利领域,已完成验收的有103项,国家投入资金9374万元,带动地方投资近1亿元,完成的推广项目示范工程共计1976个,培训人数约25000人,累计产出新工艺新装置98个,专利30个,论文345篇,专著93部,辐射面积约3000万亩,累计节水量约4亿吨,增产效益近19亿元,节约成本约5亿元,大力推广灌溉自动化控制、低压管灌、膜下滴灌、喷灌和微灌、牧区节水灌溉等技术,在不同地区推广面积达到7000万亩,辐射面积近3000万亩;在多处灌区改造中推广数字式明渠量水计、水情监测及自动控制、节能电磁阀、取水IC卡等技术;采用苦咸水淡化、生物慢滤、雨水集蓄利用等技术,为解决近百万人口饮水不安全问题提供技术支持。如沧州市立项的苦咸水淡化技术的应用推广,解决了36万人的饮水安全问题,改善了水文水质环境,实现了抽咸补淡的良性循环。

(2) 工程建设

在工程建设领域,已完成验收的有42项,国家投入资金2792万元,带动地方投资约5000万元,完成的推广项目示范工程共计1183个,培训人数约2470人,累计产出新工艺新装置29个,专利21个,论文46篇,专著15部,辐射面积约3000万亩,组织开展地下连续墙成墙、水陆两用挖掘机、高性能混凝土、新型防腐涂料、砌块护坡、土工复合膜等新工艺、新材料和新技术推广,不断提升水利工程施工与管理现代化水平。连续多年组织召开堆石混凝土技术研讨会,吸引设计单位、业主、施工单位的广泛关注和参与。目前该技术已

---

* 1亩≈666.67平方米。

在广东、西藏、山西、河南、四川、福建等地的水库、电站建设中成功推广应用，实现了大体积混凝土施工领域的技术革新，具有显著的经济效益和环境效益。

（3）水文与信息化

在水文与信息化领域，已完成验收的有30项，国家投入资金1595万元，带动地方投资900多万元，完成的推广项目示范工程共计304个，培训人数1428人，累计产出新工艺新装置53个，专利18个，论文47篇，专著12部，完成水利科技成果推广网络平台、水文信息统一分析平台、水资源保护信息系统、电子政务—水利财务网上管理软件系统、引滦水源安全管理信息系统等的开发与建设。推广翻斗式雨量计15715台，出口1199台；移动式水质监测车8台；水位雨量数据采集仪1300站点；振动式悬移质测沙仪研制开发2台套。完成高寒地区2座自动化水文测站、30个水资源监测站点、3个不同类型的水质自动监测示范站的建设，取得了显著的社会和生态效益。

（4）水土保持

在水土保持领域，已完成验收的有37项，国家投入资金约为1800万元，带动地方投资3600多万元，完成的推广项目示范工程共计125个，培训人数11240人，累计产出论文94篇，专著15部，针对黄土高原、草原牧区、荒漠化土地、内陆盐碱地、高寒地区以及黑土区坡耕地、南方红壤坡面和岩质坡面等不同类型和区域的水土流失治理，大力推广黄土高原生态建设、水土保持混交林、沙棘良种繁育、小流域修复、江河沿岸沟蚀治理等技术和治理模式，示范推广面积1300万亩。

（5）水资源水环境

在水资源水环境领域，已完成验收的有23项，国家投入资金2543万元，带动地方投资6000多万元，完成的推广项目示范工程共计389个，培训人数65人，累计产出新工艺新装置12个，专利12个，论文21篇，专著36部，推广中水回用与污水净化、灌区工业用水计量自动化（都江堰）、高速旋回式液混合微纳米气泡、GMS地下水模型等多项技术；完成生态河道修复示范工程40处，河长310千米；建立城市雨洪水利用示范12处。

（6）防汛抗旱减灾

在防汛抗旱减灾领域，已完成验收的有22项，国家投入资金3349万元，带动地方投资304.8万元，完成的推广项目示范工程共计552个，培训人数90人，累计产出新工艺新装置20个，专利22个，论文34篇，专著25部，推动流域、地方防汛指挥系统、山洪灾害监测预警系统、水库淹没处理系统建设，推广水文监测预报、堤防隐患探测、应急抢险救灾、防汛材料制备等技术、设备应用，为提升防灾减灾技术水平、保障人民群众生命财产安全起到了积极作用。湖北省水利厅引进消化吸收开发应急抢险移动泵车，省财政投入3000万元支持产品实现产业化，国产应急抢险移动泵车已在武汉、广州、天津等地推广使用20多台，受到用户广泛好评。

（7）宣传培训

在宣传培训领域，完成验收的有32项，国家投入资金1766万元，带动地方投资50万元，完成的推广项目示范工程共计34个，培训人数24210人，累计产出新工艺新装置5个，论文66篇，专著107部，2009年开始水利重点科技专著专项实施，使很多珍贵的科技经验、成果和水利文化得以保留、推广；引进了国际先进的技术资料，为我国水利事业提供了经验借鉴，为促进我国水利事业发展提供了重要支撑。

2.3　水利科技推广计划存在问题

水利科技成果推广是联系水利科技成果供给和需求的纽带，是水利科技成果应用到水利工程实践、转化为现实生产力的中枢。自水利科技推广项目设立以来，尽管水利科技推广已经取得了一些成就，但科技成果转化工作效率偏低，科技推广组织体系不够健全，仍然是水利科技工作的薄弱环节。初步统计，目前我国水利科技成果转化率为20%～30%，不仅低于交通、农业、生态等相近行业，更远低于世界发达国家水平。很多从国外引进的技术与国内水利行业的创新成果处于"科研成果"阶段，没有得到充分的推广转化，无法应用到水利生产实践中，同时各地基层部门对于水利技术的需求却非常旺盛，迫切希望通过先进技术改变当前水利基础设施无法适应时代发展的现实。因此，政府、科研单位与基层企事业单位都存在着厘清水利科技推广机制、建立健全水利科技推广组织体系的迫切需求。从实施总体看，目前水利科技推广项目还存在以下几个方面的问题。

（1）水利科技推广制度法规不完善

完善的制度法规是水利科技推广顺利进行的保障。借鉴世界各国的通行做法，法制建设是政策制度运行的基本保障，通过法律形式明确各主体的责任义务，是推动科技创新发展与成果推广的有效手段。截至目前，我国水利科技推广的法律体系建设基础薄弱，尚未出台针对水利科技推广的专门性法规和部门政策。国家层面已出台了与科技推广相关的多项法律法规,如《中华人民共和国农业技术推广法》《中华人民共和国促进科技成果转化法》《国务院关于深化改革加强基层农业技术推广体系建设的意见》等。水利部科技推广中心根据《中华人民共和国水法》《中华人民共和国促进科技成果转化法》的有关规定,组织编制了《水利先进实用技术重点推广指导目录管理办法》《水利部科技推广中心科技推广示范基地管理办法》《水利部科技成果重点推广计划项目管理办法》《水利部科技推广中心地方推广工作站管理暂行规定》等。这些办法的出台,为推动推广体系的建设和水利科技成果的转化起到了积极的促进作用。但是,与部门规章相比,带有"暂行"和"指导意见"字样的指导性政策,显然不具备"刚性"约束力,对从根本上扭转水利科技推广落后局面的政策保障力度明显不够,也难以提供体制机制方面的保障。并且其中有的条款可操作性不高,很多需要用法律制度来规范水利技术推广工作的重要内容,如水利科技推广的制度建设、各方主体责任、经费来源、人才队伍建设、奖惩措施等都缺少政策性保障。此外,研究与推广"两张皮"的情况一直长期存在,从制度设计上没有加强科研、产出、推广、教育、人才方面的有机衔接,极大地制约了水利科技推广与服务体系的进一步完善。因此,针对我国水利科技推广工作存在的问题和不足,遵循问题导向,进一步破除思想障碍,从体制机制方面入手,着重解决好研究与应用脱节、推广目标和任务不明确、考核约束指标缺失、推广资金匮乏、推广体系不健全等长期存在的问题显得尤为重要而迫切。

(2) 水利科技推广投入不足

经费不足是制约水利科技推广工作深入开展、促进成果推广转化的主要因素。水利的公益性行业属性,决定了水利科技推广必然以政府资金投入为主导。水利部科技推广项目专项资金每年4500万元的规模,与全国量大面广的水利科技推广工作相比,还存在着较大的资金缺口。有限资金情况下项目组织的"小、散、乱"等问题依然突出。推广与科研投入资金倒置的格局没有得到根本性的改变。从组织体系看,水利科技推广机构地位没有明确,各级组织也未能纳入财政保证体系,科技推广机构正常运行维护的费用不足,难以正常开展工作;从经费投入渠道看,在国家大力倡导科技战略的形势下,水利科技投入有了大幅增长,特别是公益性行业科研专项等渠道设立,为水利科技发展提供了稳定的资金来源,但"重科研、轻推广"的思想仍然存在,科技投入倒挂现象明显,大量科研成果未能得到及时转化与推广;从成果推广转化收益来看,尚未形成产品推广转化进而正向激励科研人员的机制,对从业人员的保障性措施不到位;后续投入支持方面,由于资金投入不足,在新技术研发和引进后,即便是相关示范和推广类项目也后继乏力,使得推广工作随着原项目结束而止步,大大降低了总体科技推广工作效益。

(3) 水利科技推广体系结构不健全

我国现行的水利推广组织体制与水利行业管理模式相一致。一方面,省级水利科技推广体系严重不健全,仅有少数省份设有科技推广机构,大多数省份的水利科技推广职能由水利厅科技处实施。另一方面,履行科技推广职能的机构隶属于本级水行政主管部门。各级水行政主管部门之间没有行政隶属关系,业务上只是指导关系,从中央到地方基本都有各自独立的体系。水利科技推广体系建设基础薄弱,组织不健全,缺乏专业人员,无相关工作经费,多年来没有开展实质性的推广活动。应尽快出台相关制度性政策,理顺各级科技推广机构(部门)之间的业务关系,赋予各级水利科技推广机构明确的职能定位,从根本上解决"没人管"的问题,完善监督考核机制。建立从中央到地方各司其职、协调合作的科技推广组织管理体系,保障科技推广工作的顺利实施。

(4) 科研教育、推广与市场之间结合不紧密

在经历多轮机构改革后,水利部门不再保留高校,各水利类院校与行业主管部门之间不再有行政隶属关系,各自沿着不同的方向发展,在一定程度上使得高等教育和行业科技需求之间差异较大;同时,科研院所实行的是以科研为基础的考核、发展机制,与生产实际结合的必要和驱动力不足,大多数科研院所并未建立针对成果转化与推广的考核目标,科研、教育与水利工程实际之间存在着脱节现象。从行业整体发展角度来说,应进一步加强顶层设计,有效凝聚各方智慧力量,建立以需求为导向、问题为导向的科研、教育、生产机制,切实提升水利行业总体科技水平。

科研与生产脱节的原因如下:一方面,科技成果的有效供给不足,即科研行为以科研人员的兴趣为主,转化为现实生产力的动力和有效性不足;另一方面,生产单位对成果的需求不明显,大多是在"非做不可"的情况下被动进行技术创新和提升。这种非良性循环是行业科技进步效率不高的重要制约因素。为解决这一矛盾,在供给侧结构性改革方面应加强政策性引导,通过制定政策、发布规划指南、建立科研评估评价机制等方式,引导科研院所结合水利现代化发展需要设置学科和确立研究方向,形成以应用为目标的科技成

果供给导向,同时对需求侧即工程管理与建设单位提出科技水平提升的具体指标和要求,构建"需求导向、应用至上"的考核激励机制,有效整合产学研用各方力量,形成多元参与的组织体系,有效弥补制度不足带来的短板,提升科技成果转化率。

除此之外,水利科技的推广、水利科研部门的研发主题还应与市场紧密结合。长期以来,在水利是公益性行业的指导思想下,水利科技推广机构从事的工作定位也笼统表述为公益性为主,市场化程度不高。习近平总书记"十六字"治水思路明确提出"两手发力"的指导思想,水利工作应区分防洪减灾、生态治理等公益性职能以及工程建设、供水保障等市场化职能,在做好公益性推广的同时,培育具有市场化特征的推广市场,形成科技创新、推广应用与相应收益相结合的良性发展模式,借鉴相关行业和其他国家经验,摆脱对行政、财政的单纯依赖,采用"两手发力"的方式做好科技推广工作。

(5) 水利科技推广人员的素质与手段有待提高

科技是第一生产力,人力资源是第一资源。先进的科学技术唯有通过人的工作,才能实现具体化和实物化。除直接从事科研、建设、管理的人员外,各级科技推广的从业人员是科技推广工作的重要基础和基本保障。水利科技推广专业人才不足是水利科技推广工作发展的重要制约因素,特别是在基层,人员专业技术能力普遍偏低,在职称评审、能力培训、继续教育方面机会不多,人员素质决定了其对新技术的接受和推广普及存在局限性。受编制和待遇影响,人员的更新和补充也存在一定的问题。在水利科技推广手段方面,我国目前水利科技转化模式较为单一,力度不足,效率低下;在推广内容方面,技术服务水平还不够高,社会化系列服务亟需完善加强。要进一步根据基层水利科技推广服务对象的特点和需求,采用多种方式,不断创新和发展推广模式,加强水利科技知识培训教育、引导用户合理规划、提升水资源开发利用保护能力和效率。

第 3 章

典型国家的水利科技推广模式及借鉴

水利科技推广的作用表现主要通过试验、示范等方式向实践领域转移,研究国外典型国家的科学技术成果推广模式及经验,为我国科技推广提供借鉴。

3.1 多元参与型的美国模式

美国的水利及农业等领域的科技推广,采用的是联邦政府主导、大学为主要成果提供方、地方政府参与的成果转移转化模式。美国技术转移的主要参与者包括政府、高校、联邦实验室、技术中介机构以及企业,因此,美国水利科技推广体系属于多元参与型。美国水利科技转化模式的主要构成如下:第一层次是联邦政府的涉水部门(如内政部、陆军工程兵团、农业部等);第二层次是联邦政府部门下设的推广机构,负责相关技术创新成果的推广;第三层次是各高校的相关学院,主要负责不同区域的水利教育和研究;第四层次是县一级的科技服务机构,由各县具体负责。

(1) 完善的法律体系支持

美国教育科研和推广政策在 1862—1914 年间逐步形成体系,《莫里尔法》《哈奇法》《史密斯-利弗法》对科技创新投入都做了政策性保障,为政府组织的各类科技推广活动提供了法律依据。美国没有专设水利部,职能分布在不同部门,不过在其农业、环境等领域的发展进程中,建立了较为完善的相关专业技术推广的法律保障体系。此外,美国是世界上较早重视并建立起专利制度的国家之一,为了激励农业等领域的科技创新活动,美国制定了全面的专利保护法。美国建国之初在制定宪法时就已经将版权、专利、商标的理念纳入其中,并根据宪法在1790年制定了专门的专利法,此后又进行了不断的修订和补充完善。《美国发明人保护法》《商标法》《版权法》《软件专利》等法律的颁布实施,在美国建立了一个鼓励创新又充分保护各方权益的完整制度体系,为自主科技创新和推广提供了制度保障。

(2) 强调多方合作

主要包括联邦政府、州政府、地方政府、高等院校之间的合作。美国基本不设"公益性科研院所",主要科学研究由大学和企业承担。从公共管理角度看,科学研究、教育培训和转化推广"三位一体"的体系主要包括大学科研院、州推广站和县推广站三个层次的组织机构。其中州一级的推广站发挥了重要作用,需要完成大学成果向用户的推广,负责拟订推广计划并组织实施,培养和培训下一级专业推广人员,并发挥着联系供需纽带的作用。美国各州的推广人员会定期到大学进行培训,以保证知识处于不断更新状态,技术推广服务能力不断提升。

(3) 资金来源多渠道

在资金投入方面,政府为涉农科技推广建立了长期稳定的财政投入渠道。美国的相关法律中对各级政府的科技推广资金投入作了明确要求,政府规定联邦政府投入的科技推广经费,州级地方政府要按照更高的比例进行资金配套。联邦政府、州政府和县政府的推广经费投入比例大致为1∶2∶1。在人员费用方面,从事农业(含水利)科技推广的工作人员,均按照公务人员岗位进行设置,其人员福利及保险等相关费用由地方政府和推广站全额承担,为推广人员专注从事本职工作提供了条件。密歇根大学2000—2021年用于农业类科技推广专项的财政预算中,人员工资的开支费用达到了85%。除财政投入外,农场主、企业、各类产业协会的资助也是推广资金的重要来源,成为政府投入资金的有益补充。

3.2 政府主导型的日本模式

日本在政府机构设置中也没有单列水利部,采用"治水与用水分开,多龙管水"的管理模式。中央一级涉水职能分别由国土交通省(如河川局、土地水资源局)、环境省(环境管理局)、厚生劳动省(健康水道课)、经济产业省(资源能源厅)和农林水产省(如农村振兴局、水利整治课)等负责,而地方的都道府县一般都设有水利管理专门机构。

日本的涉水科技推广组织是以政府为主导,政府、大学和民间机构共同实施的综合体系。政府部门设有专门负责水利科技政策制定、组织实施的机构,以此保证政府主导方向和政策落实,其水利科技推广体系属于政府主导型。在日本,水利科技创新推广结构主要为如下形式:第一层次是各个政府层级的管理机构,负责相关水利科技创新的应用推广和普及性教育;第二层次是县级以下地区设立的"水利改良普及中心"。由于日本现代科学技术发达,相关行业的科技企业协会充分发展并在科技推广中发挥了积极的作用。

从明治维新开始,日本从西方国家接受了现代科技发展的理念,并不断贯彻实施。二战之后,更是强化突出科技创新的作用,出台了系列促进科学发展的制度政策,在科技快速发展支撑下,日本在一段时间里成为紧随美国之后的世界第二大经济强国和技术强国,究其原因,除了美国的战略扶持外,科技创新发挥了重要的作用。日本的科技和推广主要有以下几个特点:

(1) 保持高强度的科技投入

日本政府始终高度重视科技的投入,从应用技术研究、产品研发到推广应用一直保持着高强度投入。1975—1999年间,R&D经费以平均每年13.1%的高比例持续递增,且超出9.1%的年均GDP增长率,这一投入比例已超过了世界上大多数发达国家。以2001年为例,欧盟的科技岗位人员得到的资助平均为17.1万欧元,美国同期为18.2万欧元,而日本则高达21.2万欧元。

(2) 注重与产业政策密切结合

日本强调科学技术立国战略,非常注重应用技术发展,强调实用主义的产业政策。1981年日本政府制定了"科技立国"两个重要制度,即"推进创造性科学技术制度"和"研究下一代产业基础技术制度",为科技创新和产业发展结合提供了典范案例。日本在制定科技发展和产业政策时,瞄准世界发达国家进行引进再创新,实现了从吸收型向自主创新型的转变,同时政府对关键核心技术的发展进行干预,确保建立国家核心竞争力。

(3) 产学官结合的研究开发体制

与美国政府主导的科技投入模式不同,日本的科技投入以企业为主体,即以民间企业为主导,以大学和政府为辅的产学官三方合作进行的研究开发和技术创新体制。2001年,在企业资助科技投入方面日本高达73%(同期欧盟为56%),政府投入仅占18%,其他份额来自国外及国际合作渠道。政府在其中主要发挥政策制定、规划拟定和重点领域发展方向把握等作用,企业和大学积极参与并获取相应回报,三方共同维持、相互支持、相互配合。

(4) 推进科技国际化

日本对开放创新的认识不断深化,从技术引进到赶超,大力开展科技国际化,并且制定了促进开放创新的制度,主要包括提升促进开放创新的机制、推进企业研发税收减免、激发创新人力资源循环、搭建生产要素汇聚空间、国际知识产权的合作和标准化等。通过建立开放创新机制,构建国际研究机构与国内研究机构的联系网络,积极支持本国科技人员广泛参与国际合作计划,同时以优厚待遇和良好工作岗位吸引、留住国际优秀科技人员和留学生,在更广阔的国际视野下开展全球规模的智力集成并与国际科技前沿保持密切联系。

日本以"技术立国"为发展战略,其水利发展的模式也一直是其他东亚国家仿效的对象。如何确保水利技术对国家发展的贡献,政府予以高度重视。其水利科研和推广体系比较完善：政府设有与我国类似的公立科研机构,大学、科技企业共同参与,构成多方协作的科技服务体系。中央政府和地方政府对水利科研经费的投入占国内生产总值的比例逐年增大,民间水利科研经费也迅速增长。通过水利科技开发与推广,日本奠定了水利可持续增长的坚实基础。为了适应新形势的要求,日本还对农林水产省下属的研究机构进行改革,组建新的技术研究机构,并使之成为独立行政法人。同时,加强中央、地方(都道府县)研究机构与大学、民间研究机构的合作,推进水利科研的集中化和高效化。

3.3 生产引导型的以色列模式

以色列设有国家水利局统筹水资源管理,环境部和卫生部分别承担水污染和水质管理职责。从水资源对国家生存发展支撑的角度来看,以色列可能是世界上最为重视水利的国家。作为水资源和土地都极为紧缺的沙漠国家,其水利科技成果要时刻结合生产导向才能满足实际生产需求,以色列的水利科技推广转化模式属于生产引导型。

自然禀赋的限制,使得以色列必须基于现实,大力开展水资源高效集约、节约利用技术研发,且以生产为目的进行推广应用。以色列在供水技术、水资源管理和循环利用方面的技术发展一直处于世界前列。有研究表明,以色列节水为代表的农业生产,科技贡献率超过了60%。以色列水利科技的推广有以下一些特征：

（1）与生产相结合

以生产引导科研，以色列长期致力于节水技术、水利生产投入品的开发研究。20世纪60年代，以色列率先发明了滴灌技术，并迅速在农业生产中进行推广，在大幅提升水资源利用效率的同时，也提高了作物产量和品质，引领了节水灌溉发展方向。同时，中水处理、再生水循环利用、海水淡化、微咸水灌溉等技术不断取得新的突破，为解决水资源严重匮乏问题提供了技术支撑。这些关系到人民日常生产生活的技术成果在推广后更易被接受应用，大大提高了水利科技推广的效率。

（2）提升技术匹配度和再创新

以色列的经济与技术基础并不具备与生俱来的优势。以色列在发展初期从国际上大量引进先进技术成果，并与本国资源禀赋和需求相结合，进行再次开发、优化和再创新，以期实现为我所用。在国内开展的自主创新以应用为目的，在科研立项阶段就高度重视未来成果与市场的匹配程度以及商品化、产业化的实现路径。在此原则指导下，以色列形成了大量规范性、标准化的产品与技术规则，如耐特菲姆公司的滴灌产品80%以上出口国外，世界上有80多个国家和地区都采用其技术产品并将之作为标准。

（3）从推广上游抓起

作为科技创新的"摇篮"，以色列科技创新能力处于世界领先水平，国家政策和民族传统具有强烈的创新意识，其科技创新与技术推广注重从源头抓起，注重全民教育和科技素养的普及，以色列人年均读书达64本，营造了全社会尊重知识、重视创新的良好氛围。以水利相关技术为例，以色列建立起较为完整的国家工程中心体系，与研究型大学互相补充，开展技术研发与创新；成果的中试、转化、商品化由专业试验站实施；水利先进技术的推广由国家水利局专业推广服务中心负责。国家与地方的科研机构注重分工协作，在顶层设计中，进行基础研究和应用研究的合理资源分配，提高资金、人力、物力投入产出效率，并鼓励科技企业积极参与科技创新和技术扩散，为企业发展创造有利条件。

3.4 市场主导型的荷兰模式

荷兰中央政府设有运输、公共工程和水管理部，下设水利总局。省级设立水利局,地方水管理由水务局和水董事会等负责。荷兰水利技术水平高度发达,其水利部门也是历史较悠久的部门之一。荷兰实行商业化转化模式,水利科技推广基本属于市场主导型。

荷兰政府在主要省设立推广咨询理事会,每个省设立地区咨询中心。这些部门中有一些学者和专家还有技术推广员专门负责相关的科研和推广工作。荷兰政府最初对行政推广机构实行全额拨款,推广部门的职责就是向企业或受益者提供技术指导和政策解释。随着市场经济的发展,全额拨款转向政府、企业或受益者共同承担。政府设立区域办公室以及信息知识中心,这些知识中心向所有人开放,培训推广员,与科研机构保持联系,为科研机构的技术推广作出贡献。之后,荷兰对涉农及水利等科研机构进行改革,对一部分能够产生收益并实现良性发展的科研机构逐步减少直至取消财政拨款,让其在参与市场竞争中实现自收自支。对于从事基础研究和以公益性为主的科研机构,政府采用委托或签订委托协议,以项目的形式进行资金支持,强调技术产出和绩效评估。

13世纪以来荷兰的土地面积因海水侵蚀减少了56万公顷,为此荷兰一直在同大海进行斗争,这也使得荷兰的水利事业取得了突出的成就。与政府主导模式不同,荷兰水利技术的研发和推广应用主要由咨询机构和非政府组织实施,如代尔夫特三角洲研究中心(Deltares,原代尔夫特水利研究所)就由原来的国立研究中心改制为独立运行的具有研究、开发、咨询业务的企业。类似的企业和非政府机构共同组成了规范而发达的市场化科技服务体系,其提供技术咨询服务的业务源自市场,由市场机制调节,服务质量和水平决定机构的生存与发展能力。政府对其干涉较少,因此荷兰的科技推广服务体系具备较为明显的市场特征。

(1) 内容广泛,多方参与

荷兰的涉水技术推广内容广泛,参与主体多元。除政府和农业合作社、农业协会、科技企业外,还存在独立于政府之外的水董事会等特色机构。由于荷兰所处的贸易中转重要地位以及欧洲"菜篮子"的生产实际,有大量的科技企业从事与水相关的业务,据初步统计,荷兰约有2000家企业从事水资源管理的相关业务。水利的科技推广与服务体系往往不是一家独立运行,而是由政府和用户、地方共同组成。与治理体系相对应,中央政府主要负责技术推广的规划、协调和组织;各省级单位设有技术推广站,并视需要组建专业的服务队伍,为农户提供包括节水技术在内的培训、辅导、示范等技术服务。

(2) 规范化管理

基于本国国情,荷兰逐渐探索出适合自身特点的科技服务体系,很早就实行了水务一体化管理,涉农涉水科技的资金投入、队伍建设、项目立项等工作均在严格的法律或明确的规则范围内实施。荷兰技术推广体系参与主体的多元化,也使得资金投入渠道各异,如社会公益性的科技创新与技术改造由政府和使用者按责权分别承担,企业实施的项目经费自理。国家在组织实施水利工程项目时,采用征收税费和向相关用户收取获利补偿机制,建立起良好的投资回收机制,用于技术水平的持续改进提升。在推广队伍的管理上,对推广机构实行垂直领导,国家序列的推广体系由水利总局负责管理,而独立的水董事会也不受政府干涉。在推广服务队伍建设中,也采用严格的制度进行选拔、考核,建立培训学习制度,对各级推广部门专业人员进行能力培训,保证科技推广服务从业人员工作能力的持续提升。

(3) 实行项目管理提高效率

荷兰的国家级推广项目少而精,地区推广站根据本地需要,拟定和实施地方推广项目。科技成果由科研部门、大学和联络办传到推广部门,再推广到用户中去。用户创造的经验和成果也由推广部门进行推广。鼓励用户参与合作推广管理,用户一方面资助水利科技推广,另一方面也参与水利科技推广的管理。此外,用户可通过在多元的体系中任职或兼职等方式参与相关科研和推广的管理工作。

3.5 对我国水利科技推广模式的启示

目前,在科技成果推广方面,我国与发达国家相比仍存在较大差距,值得借鉴的经验主要包括以下几个方面。

(1) 发达的资本市场与政策性金融支持

美国发达的资本市场和风险投资市场、完善的商业银行体系和信用担保体系为其科技成果推广提供了主要支持,从而形成了多层次、多渠道的以资本市场为重心的科技成果推广模式。第一,美国的证券市场是全世界分层体系最完备的,尤其是纳斯达克市场,上市门槛较低,为以高成长、高风险为特征的科技型企业融资提供途径。第二,美国同时具有发达的风险投资体系,风险资本热衷于投资新的科技成果,并将资金主要集中在企业的种子期和成长期,有力推动了科技成果的研发、转化与推广。第三,美国信贷担保体系较为完善，目前信贷担保体系分为三个层次，包括全国范围的信用担保体系、地区范围的信用担保体系以及社区性的信用担保体系。第四，功不可没的硅谷银行，其具有特殊的运作模式，比如围绕风投机构布点、进行直接风投，允许以专利技术、知识产权等为抵押担保，实施风险隔离或根据不同行业、不同发展阶段等设置风控组合，提供专业咨询服务，安排以公开上市或收购方式为主的创业投资退出。

日本是仅次于美国的经济与科技强国，与美国一样注重资本市场，不同的是日本政府在较大程度上会干预经济活动，因此，科技成果推广资金投入多以银行为导向的政策性金融模式为主。1950年后，日本政府开始出资设立并直接控制一些具有政策性质的金融机构，如国家开发银行、日本国民金融公库、服务中小企业的信用保险公库等。这些政策性金融机构的资金来源较为稳定，经营机制相对灵活，分工细致，且具有以更优惠的利率水平、更宽松的贷款时限和更人性化的融资要求为科技研发、转化推广提供资金投入和金融服务的共同宗旨。同时，日本政府通过减少直接贷款、偿付保证、利息补偿等方式引导商业性金融机构对科技成果的投资，从而降低政策性金融机构的风险。

（2）强大的政府投入与完善的法律保障

美国的科技成果管理是以总统为主导的多部门模式，美国国家标准与技术研究院的技术创新计划、中小企业局实施的"中小企业创新研究计划"等政府的强力投入给科技成果转化、推广应用环节注入资金。同时，为保障政府投入、鼓励科技成果推广活动，美国政府制定了一系列的政策法规。美国最早以宪法形式对科学技术进步作出规定，奠定了美国科技推广的法律基础，也影响了世界各国。1790年，为了促进科技成果的推广应用，政府颁布了美国的第一部专利法；1950年，为了促进R&D投入持续增长，美国政府制定出台了《国家科学基金法》；1980年，美国政府制定了《技术创新法》，为加速科技成果推广应用提供多方位的经济立法保障，并将科技成果转化推广纳入联邦政府相关部门的职责；1992年，美国国会通过《加强小型企业研究与发展法》，旨在加快科研机构科技成果的市场化、产业化，并依照该法设立了小企业技术转移计划。另外，美国为了鼓励风险投资，也曾实施税制改革政策，使风险投资税率由49%大幅降至20%。

日本政府对本国的科技成果推广活动投入极大，早在1961年就通过《新技术开发事业团法》，成立了负责科技成果开发推广的日本新技术开发事业团,该集团为具有较大风险或产业化困难的科技成果推广项目提供5年期的无息贷款,项目失败者可以不偿还资金,甚至还出台相关法律规定信用保证协会的资金投入由各地政府提供。除此之外,日本将科技成果推广政策与产业政策密切结合起来,并将产业政策以法律的形式呈现出来。在20世纪50年代后期,日本政府颁布了《机械工业振兴法》等涉及高技术产业的相关政策法律法规,力图通过提供法律法规的合理引导,加强宏观调控和优惠手段,集中政府关注,加速科技成果向实际生产力的转化,扩大科技成果的影响范围。

在欧盟各国依靠政府投入设立了众多以科技成果推广为主要职能的机构,包括英国国家技术集团、法国的国家科研促进会等。欧盟国家的科技成果推广计划通常由相关的政府职能部门研究制定,旨在推动科技产业与企业协同发展,大力加强科技成果的推广。较为常用的方式如政府对一般科技项目减免税收,或是对重点发展的科技特殊领域直接给予扶持。1981年,英国政府制定了《贷款投资担保计划》,该计划指出政府担保可以承担80%的银行机构对高科技型企业的贷款;1999年,法国颁布了《技术创新和科研法》,该法律规定要求科研部门与企业之间通过密切交流合作,促进科技成果的推广。

(3)健全的推广体系与高效的推广模式

美国科技成果推广的重点在于拥有政府、科研机构、推广站"三位一体"的推广体系,其中联邦各级政府、高校之间合作密切,并涵盖以州推广站为核心的研究院、州推广站和县推广站三层机构。为避免科技与市场实际需求脱节,美国还组建了联邦技术利用中心,主要是负责市场科技需求调研,通过调研结果收集分析科技情报,汇总后提供给联邦的科研机构或实验室作为重要参考,以促进科技成果推广,使科技成果发挥最大的经济效益。同时,为了扩大推广范围,美国政府设立了专门的科技成果转化推广机构,包括国家技术转让中心、区域技术转让中心和联邦实验室技术转移联合体。其中,国家技术转让中心主要负责将联邦政府资助的国家实验室、大学和私人研究机构的科研成果迅速推向社会和工业界,使之尽快商品化;区域技术转让中心共有6个,下属70多个分支机构,主要负责在各地开展科技成果推广活动。

日本的科技成果推广模式则别具一格地将产学官相结合,更加注重市场经济中企业的主导地位,又由于日本政界的大部分资助来源于企业,故有力地保证了这种模式的延续。在这种模式下,日本政府大力引导科技创新向企业转移,并为转移提供了一系列制度保障,如出台相关委托研究制度、经费划拨与使用制度等。从1997年起,日本政府决定将共同研究机构逐渐向企业内部转移，关注企业需求，强化产业结合，大大地缩短了科技成果推广路径。

荷兰拥有较高的技术水平和健全的商业化网络服务机构，为市场提供了高质量、专业化的科技成果。在国家支持下根据地区建立区域科技成果推广站和试验场，下设专业科技成果推广队和普通推广队，提供试验、示范等无偿服务。荷兰的科技成果推广模式主要由国家推广机构、行业组织及私人咨询服务组织组成，在推广人员、经费、项目管理等方面细化且规范。国家推广机构根据当地需求精选高质量的科技成果，并提供推广培训教育专家以辅助推广；行业组织协助基层推广应用科技成果，鼓励基层参与科研和推广的管理工作，并收集推广过程中的经验进行反馈，从而提高科技成果推广的效率；私人咨询服务发挥着推广中介的重要作用，将科研机构最新科技成果及时、有效地向市场推广。

以色列克服艰难的自然条件主要归功于水利生物工程技术、机械自动化等科技成果的推广应用和高效的推广模式。以色列注重科技成果的实用性和再开发性，对于自主研发的科技成果注重以基层生产需求为导向，强调科技成果的实效性、市场性；对于引进的国外先进科技成果，则侧重于二次研发的可行性，便于科技成果在本国的推广应用。在科技成果推广中，农业部、水利部等部门下设专门负责科技成果推广的推广服务中心，更加快了科技成果的产业化进程。

第 4 章

水利科技推广计划成效评估框架及指标体系构建

科技推广成效评估工作的核心是设计评估框架和指标体系,成效评估框架设计得是否合理,将直接影响政府、企业以及项目承担单位对水利科技推广计划的认识深度,关系到水利科技推广计划的改进与提高。因此,构建一个科学合理的评估框架和指标体系是十分重要的工作。

4.1 理论基础

4.1.1 科技评估理论

(1) 科技评估

"评估"是将目标对象的属性从主观变为客观的过程。科技评估是指对科技活动的相关内在属性按照一定的标准进行外部判断,据此进行科技活动的客观相符、保障程度、未来预期和潜在价值的分析,是评估科技价值的有效手段。科技评估一般以第三方为执行者,对科技项目实施的各环节、各利益相关方和项目本身,通过一定的程序和确定的方法标准,实现对科技项目的评价。目前开展研究较多的有企业、项目、成果、研究评价等几个方面的评估。

评估的目的是由评估的发起者决定的,方法和手段也由其认可,评估的结果向发起者反馈;评估的客体指被评估的对象。评估的主体一方面来自评估项目相关的专业人员,另一方面来源于评估方法领域的专家。开展科技评估,需要遵循科学的方法并保证过程的经济性和可行性。为使评估结果具有公正客观的可信度,实施过程也应该是公开透明并有明确的计划。评估方法不是一成不变的,对于不同的评估主体、评估对象,以及需要实施的评估时间而选择的不同方法,评估效果也会呈现出差异性。科技评估的时效性决定了评估所需要的时间,这在特定的研究环境和一段时间范围内对结论的产生和成果应用很重要。科技评估的标准一方面要考虑科技活动自身的性质,另一方面也要考虑科技评估的应用性。

科技评估可以从事前、事中和事后三个流程阶段来综合考虑。事前评估主要是评估被评估对象的自身特性。事中评估主要是根据评估过程的反馈,及时对动态特征进行评估,使得评估更具针对性和时效性。事后评估主要是从整体考虑,通过对评估流程的回顾,明确科技评估的效果,为后续的科技评估活动开展总结作铺垫。当然,上述科技评估活动的步骤也需要根据评估对象以及现实境况的变化来作出相应的调整,从而使评估结果更具可靠性。

按技术层次划分,科技创新评估的对象可分为基础研究、应用研究、产品开发研究等方面;按评估方法划分,科技创新研究可分为定性研究、定量研究等;按评估主体分,科技创新评估可分为内部研究和外部研究。

科技项目评估的特点是连续性,科技项目评估贯穿于科技创新过程的始终,其通过对科技创新成果的反馈,灵活地调整科技项目评估的内容和方法,使评估的过程具备连贯性。

(2) 我国科技计划评估方法

科技计划评估是科技创新的一部分,其通过对科技活动的影响、效果等的客观评价,力求提升政府宏观决策的效果。同时,科技计划评估也是科技创新评估的一种形式,科技创新评估的内涵相对来说更广泛一些。具体来说,科技创新评估是对政策、项目、机构、人员等与科技创新活动有关的一切事项的综合评价。对科技计划进行评估主要是对科技计划的实施效果进行评估,国内有许多评价方式,典型的有投入产出评估方法和目标-管理-效果与影响评估方法。

① 投入产出评估方法

投入产出评估方法基于3E效应评价理论和科技管理领域的实践,是面向科技管理结果的依靠逻辑模型构建的评价方法。在逻辑模型中,"投入"主要指对科技活动投入的资源,包括人力、物力等;"活动"主要指进行科技创新实施的事项;"产出"主要指可量化的科技创新结果;"成效"主要指进行科技创新带来的改善效果;"影响"主要指科技创新活动对周围事务变化的波及范围和程度。逻辑模型中的评估准则可以从相关性、效果、效率、影响和可持续性展开探究。其中,相关性是科技创新活动同受众需求的有效契合程度。效果是指科技创新活动最终实现成果同预期目标的相符合程度。效率是指科技创新活动执行过程的时间和成果的比率。影响是指科技创新活动对受众的直接或间接的影响。科技创新的可持续性主要包括科技项目本身以及其为外部带来的正向影响的可持续性，这既包括科技项目本身环境的可持续性，也包括科技经费等资源供给的可持续性。

② 目标-管理-效果与影响评估方法

1994年开始，国家科技创新评估中心（科技部科技创新评估中心的前身，以下简称"评估中心"）受科技部委托，先后开展了针对"863""973"等国家重大科技项目的评价评估。其中，在对国家高技术发展研究计划的评估中，科技项目评估大多围绕着项目计划本身开展，根据项目进行过程中遇到的问题，有针对性地提出相应的完善和改进建议，从而为后续的科技管理计划的制订和决策提供外部支持。

科技管理评估方法的"目标-管理-效果与影响"过程，具体来说，首先根据计划的目标制订计划，再基于科学和规范制订管理计划，最后基于计划的实施效果评估其影响，相关内容详见表4-1。

表4-1 目标-管理-效果评估内容框架的主要内容

方面	评估准则	评估内容
目标定位与布局	明确目标的构成和特点，目标的明晰度和有效性、各分级目标相关性和一致性，程序规范合理性	1. 目标背景、内涵和特征 2. 目标分解和进一步明确 3. 计划比较与衔接
管理组织与实施	执行过程中与设定任务要求目标及采用方法的相符性、管理过程的规范性、科学合理性、效率和公开透明性	4. 计划管理模式 5. 项目组织 6. 经费使用与执行状况
效果与影响	效果和影响的主要内容，与计划目标的吻合程度、效果和影响的表现及客观依据	7. 直接效益与产出 8. 效果与影响的客观数据 9. 社会反应

4.1.2 公共投资相关理论

(1) 公共投资理论

公共投资是指政府将一部分公共资金用于购置公共部门的资产，以满足社会公共需要所形成的支出，它是政府提供公共物品的基本手段，也是政府提供公共服务的前提与基础。根据西方经济学理论，政府能够有效地调节市场失灵现象。凯恩斯在其经典作品《就业、利息和货币通论》中提出，不考虑政府宏观调控,完全由市场自主调节的经济发展模式,由于有效需求的不足,包括投资需求和消费需求的不足,将导致经济危机不断出现。政府对投资的调控能够有效应对市场失灵,其主要途径包括政府公共投资等。

随着资本主义国家经济滞胀现象的出现,以曼昆、斯蒂格利茨等为代表的学者在前人研究的基础上进行补充完善,构建了新凯恩斯主义经济学。新凯恩斯通过创新性地引入厂商和家庭效应最大化及理性预期假设,说明经济波动时,由于市场出清功能的实效,经济会进入一种非均衡状态,政府应重视提升供给端的供应。在实施过程中,在产品、社会分配、货币政策、工资就业等方面通过财政补贴消除经济的负外部性。同时,新凯恩斯主义注重两种机制的作用,一方面肯定市场机制自行作用的重要性,另一方面也强调政府应在市场配置资源的前提下对经济发展进行适度调节。

(2) 市场失灵理论

亚当·斯密提出"看不见的手",其思想理论体系对西方经济学产生深远影响,后人将之奉为经典并以此为基础开展相关研究。在早期的自由资本主义发展过程中,人们对此深信不疑,并一直遵循这一指导思想,把市场机制作为资源配置的根本方式。不过,与大多数科学理论发展相一致,随着研究的深入和实践与理论的相互影响,研究表明该理论体系同样存在适用边界,也就是说"看不见的手"并不是万能的。经济发展中存在的外部效应,交易信息不完全和不对称、垄断形式的存在以及公共产品属性影响下,市场也会失灵。同时,面对需要解决的社会公平和经济持续稳定发展问题,市场机制也并非可信赖的手段。因此,与其正向促进作用相对应,市场失灵同样是市场经济的重要特征,如同矛盾的对立面。在不加以政策调整和外部干涉下,市场失灵将影响市场经济的生存和发展,这种情况下,就需要政府部门介入以弥补资源配置机制的不足,将经济发展调整到正常轨道上来。经济学家和管理者应充分认识到导致市场失灵的各种影响因素:

① 公共产品或劳务(public goods or service)

公共产品和劳务主要是指具有共同受益者的产品。这类物品只能对集体发挥作用,不能被分割为若干个体出售给个人或企业。具体来说,如国防相关产品,都具有此类物品的特性,即费用难以衡量,因此需要政府的介入为其实现市场交易。

② 外部效应

外部效应,是指一个行为在对外部对象产生影响时,并没有获得该影响所应产生的收益。这种特性导致市场难以达到资源的最优化配置。因此，政府就需要针对这种产品的特性，通过非市场的方式加以调整和应对。

③ 存在竞争失灵和垄断

竞争失灵和垄断主要是指企业出售产品的价格高于其边际成本时的现象。一般来说，垄断者实现利润最大化的方法主要是通过提升边际效益来实现的。

④ 自然垄断即规模报酬递增

自然垄断是导致市场运转失灵的常见因素。具体来说，该现象普遍存在于通信、能源供应、交通等国家垄断行业。在这种情况下，企业存在着对行业天然的垄断性。政府在该行业之中，通过扮演公共利益代表人、经济部门管制人、市场秩序维护者和宏观经济调控者等角色来调节行业中的失灵现象。政府一方面通过制定和执行政策，鼓励竞争和保护消费者利益来规范市场的运行，另一方面建立健全法律法规体系，保障各经济主体和市场良性运行，依法打击和防范各类破坏经济正常秩序的违法犯罪行为。政府还从保障经济社会健康平稳发展角度，制定资源优化配置的宏观政策和保障措施，并合理规划财政支出。

政府对于科技研究的引导作用同样意义重大。政府能够通过经济、法律、政策等方式，在宏观层面有效地干预市场。根据市场失灵理论，科技活动也存在着正面和负面的市场外部性。若其具备正向的外部性，政府活动能够促使科技活动正向地促进科技资源配置实现优化。但若其外部性是负面的，政府就不应该鼓励科技创新活动的开展。比如工业发展所带来的环境污染就是一个负面的外部效应，科技创新反而会导致污染排放和资源消耗进一步扩大，因此，市场便不会轻易涉足相关领域。政府机构应适时推出保障治理污染的科技投入、鼓励研发可循环的绿色产业研究等政策。

（3）公共选择理论

市场失灵使得公共经济部门的作用不可或缺，公共选择理论是公共经济部门制定和执行相关政策的重要理论支撑。市场失灵的存在需要政府的宏观调控，而政府必须借助非市场机制来解决市场失灵问题，这就是公共选择理论的基础。公共选择理论形成初期，在公共选择理论学术史上占有重要地位的三位重量级人物是邓肯·布莱克、詹姆斯·布坎南和肯尼思·阿罗。邓肯·布莱克是英国北威尔士大学的经济学教授，被尊称为"公共选择理论之父"，构建了选举投票理论的框架。詹姆斯·布坎南在公共选择研究领域提出政府决策的基本模式。肯尼思·阿罗则在"一般均衡理论和社会福利经济学"方面作出了杰出贡献。

公共决策的执行方是政府机构,其形式主要包括下述几个方面:一是消费偏好的表达方式不同;二是消费偏好的体系不同;三是表达偏好的性质不同。政府部门在进行公共决策时可以分为两种模式,一是集中决策,二是民主决策。不同的决策方式会产生不同的决策结果。

4.1.3 政府绩效评价理论

(1) 政府绩效评价

政府绩效评价,是通过政治、经济、文化等多个维度,综合地评估政策的影响效果。政府开展绩效评价,最主要的内容是进行效应评价,以期对公共部门的政策制定作出客观评判,从而优化和改进政府工作绩效。政府效应评价因其影响力直接而巨大,在绩效管理研究中备受关注。美国"国家绩效管理小组"指出,政府绩效评价是基于顾客满意度和产品在市场中的效果衡量的。

政府绩效评价层次可以分为微观、中观和宏观。在微观层面,绩效评价主要针对的是个人;而在中观层面,绩效评价主要针对各类政府单位;在宏观层面,绩效评价主要针对整个社会公共部门的各个方面。具体地说,政府绩效评价包括两个方面的内容:一是对政府活动及其结果的评估;二是对政府能力的评估。在公共责任方面,政府绩效评价强调改善同公众的关系,主张服务于公众,政府同公众的关系由过去的管理者和被管理者演化为服务者和被服务者。在这种形式下,政府需要在政策制定时以公众利益为中心,通过提供公共服务和提高产品的效率、质量、社会满意度等方面提升政府的绩效。

(2) 政府绩效评价中的"4E"原则

20世纪英国撒切尔政府成立的效率小组,在经验式调查过程中,经过研究提出"3E"评估指标体系,即"经济"(Economy)、"效率"(Efficiency)和"效益"(Effectiveness),以取代传统的效率标准,此后英国审计委员会又将"3E"标准纳入绩效审计框架。

在这个指标体系中,"经济"指标的数学含义是当投入作为相对固定指标时,以成本为变量的考核方式,评价标准是成本越低越好,也就是说在通过降低成本维持一定投入的最佳收入,是带有成本评估性质的效应评价指标。经济指标的确立有助于政府压减预算支出,合理设定成本投入,并在成本投入可能超过市场价阈值时作出评判和调整,降低过多投入带来的风险。"效率"指标是以产出为变量进行评判的标准,计算时同样以投入为定量,单位投入情况下追求产出最大化,即体现投入产生的效益。另外一种计算方式是以产出为定量,考虑投入最小化。产出与投入的数字比值越大,说明政府行政效率在效应评价中的指标越佳。"效益"指标是指一定的投入和产出所产生的附加价值,这种附加价值主要体现在政府服务对象即公众对政府行政作为的满意程度,是一种综合性的考量指标。

除"3E"标准外,"公平"(Equity)也日益成为绩效评价的内容之一,与"经济""效率""效益"并称为"4E"标准。公平性是指在政府投资项目工作行为中应该充分公平,避免寻租现象的产生,提高工作的透明度,平等对待所有申请承担单位,提高公众满意度。公平原则以相应社会关切为目标,是政府组织行为的基本原则,不应对服务范围内包含的公民和组织区别对待,体现社会治理伦理和合理性。虽然公平的标准难以衡量,但这一标准的加入充分体现了政府效应评价的内在价值和发展方向。

4.1.4　技术溢出理论

(1) 技术扩散理论

技术扩散是一个学习创造的过程,能够在生产的过程中通过持续学习使技术能力得到提升。技术扩散理论经历了持续的发展演进阶段:第一阶段是早期的技术扩散相关理论。该阶段为国际技术扩散理论的研究奠定了基础,但忽略了技术创新和转移在其中的影响。第二阶段主要是对技术扩散的机制进行研究,但缺乏对技术扩散一般均衡的分析。针对这一缺陷,第三阶段的技术扩散相关研究着重考虑了一般均衡。

同技术转移不同,技术扩散是自发的行为,其不具备明确的目标。技术扩散同技术转移之间既有区别又有联系,主要体现在以下方面:第一,技术转移更具目的性,而技术扩散更加盲目。第二,技术转移的供给方和实施对象目标具备唯一性,而技术扩散的对象不具备唯一性。第三,技术扩散的波及范围相比于技术转移更大。

(2) 技术扩散的溢出效应

溢出效应同外部性类似。斯蒂格利茨认为市场交易中的额外收益即外部性。关于溢出效应的概念,一种说法是外国对研发的投资产生了溢出效应,"溢出"具体表现为外国公司在本国设立新的子公司。另一种说法是,溢出效应是极化效应和扩散效应的综合产物。集聚和扩散一方面能够壮大经济中心,另一方面能够促使周围地区的经济获得持续发展。在理论界还有一种说法,在国外投资的过程中,不同文化的交流和融合也会使技术产生进步,即文化形式的技术溢出效应。

技术扩散受到生产过程中的生产者、管理者、市场等多方的影响,技术溢出的扩散效应同样受多方的影响。国内外学者基本上都认定技术在扩散时,其产生的效益不仅局限在可计算的过程本身,还会在已知边界条件之外产生附加影响,即形成溢出效应,其效益的大小与技术成果的供需双方都存在着一定的关联。

(3) 技术溢出的外部性理论

技术溢出效应源于其外部性特征。相关理论由 MAR 溢出理论、雅各布斯理论、波特理论和租金外部性理论构成。

MAR 溢出理论研究的对象是不同创新主体在共同技术领域内相互之间的技术溢出。其认为外部性导致的技术溢出能够促使经济增长。罗默认为技术产品具备知识溢出效应。阿罗认为厂商能通过学习促进生产效率的提升,因为规模大的企业能够有足够的资源进行生产研发从而实现市场垄断。

雅各布斯的理论与 MAR 理论完全相反,认为只有在互补企业中才存在技术溢出效应。雅各布斯外部性理论认为不同互补性产业之中的交流能够促进技术的融合和传播,从而促使企业应用高新技术实现生产效率的提升和经济的增长。

波特的外部性理论更适用于新兴行业。波特提出,区域间的竞争能够促进经济增长。其认为技术实力同竞争程度成正比。企业间的竞争会促使企业主动开展技术研发,不断提高新兴行业的技术水平。在关注竞争的同时,波特也研究了产业集聚时的放大效应,在此基础上提出产业集群的概念,认为产业"扎堆"也会产生正向激励,刺激技术溢出效益的放大,有利于经济发展。

租金外部性理论由格瑞里格斯提出,企业为了阻止替代品的进入会让渡一些利益给他人。购买者在此背景下能够以低价获得同质量的产品。若这种现象发生在上游企业,下游企业便可以通过这种收益推动自身技术水平的提升。租金外部性理论认为技术的溢出源于上游企业的创新,而企业间的竞争则进一步推动了创新的进行。

4.1.5 内生增长理论

20 世纪 50 年代,索洛、斯旺等经济学家在研究生产资料、资金、劳动力、市场等外部因素的影响时,首次提出了经济增长内生动力的重要来源为科技的力量,并奠定了新古典经济学派框架。该理论认为,技术进步比物质资本积累更能够促进收入和消费的提升。但在新古典经济学的假设下,技术进步主要取决于模型以外的要素。在实际社会中,政府出台的政策、制度等受人为因素影响,存在着效率低下和水平落后的可能性,而这种可能性会导致社会技术水平长期较低,难以激发创新活力。与此同时,政府如果意识到相关问题,通过政策的不断调整来刺激经济,使其一直保持持续增长也是不现实的,政策环境并不是经济长期增长的持续动力。

1980年,罗默、卢卡斯等在新古典经济学基础上深化并提出内生增长理论,对科技进步的内生化作用进行了研究,并对其内生化因素进行了归纳。内生增长理论强调技术的进步受内部生产要素,即人力资本、技术溢出、跨国贸易等的影响。在内生增长理论的基础上,Frankel(1962)、Romer(1986)和Lucas(1988)等经济学家构建了内生增长模型,其中,溢出效应被着重强调。1986年,Romer认为技术的外部溢出效应不仅会促进自身相关效益的提升,而且会促使其他收益的一同进步。在内生增长理论下,人力资本和技术进步会不断提升,进而促使经济收益实现增长。内生增长理论强调了投资收益和技术进步的相互关联性,即投资为企业带来的收益,反过来会促进企业技术的增长。内生增长理论持类似于"马太效应"的观点,即强者愈强,发达国家能够因为良性循环而保持更为持久的经济增长,而不是因为非投资报酬导致效益递减。同时,该理论突出强调了人力资本的重要性,而人力资本在该理论中具体表现为从业人员所拥有的技术水平。综上,内生增长理论可以定义为,科学技术进步和人力资本共同促使区域经济增长。

1990年,内生增长理论持续发展,不断丰富完善,形成新熊彼特主义理论。阿吉翁和霍伊特在《内生增长理论》中认为,资本的积累和创新是共通的,资本的积累使得技术进步成为创新的过程。技术创新水平的提升与资本积累的增加之间呈现正相关,即技术创新水平的提升能够有效提高产品边际收益率,从而使得其他生产要素的投入产生更高的盈利产出,为经济增长注入持续动力。新熊彼特主义除了从宏观角度解释科技创新的作用外,还从技术进步对于完善市场机制、促进产业发展的微观层面进行了研究,结论表明产品质量取决于产品和技术的改进提升。该理论强调产业个体微观层面对创新的作用。

4.1.6 科技推广理论

(1) 行为改变理论

科技推广面向的服务对象是成果的采用者和接纳者,是科技活动完整链条的有机组成部分和实施主体。服务对象一方面作为科技成果的需求者，提出技术产品的实际需求，另一方面在需求被满足的同时，接受新技术成果的落地和应用，以此实现科技成果向现实生产力的转化。服务对象本身对科技成果的意愿、需求和接受程度，特别是采用新的科技成果意味着要改变原有行为和思维方式，会在很大程度上对科技推广产生重要影响。满足被推广者的需求，解决实际问题是促进科学技术产品应用的驱动力，而他们的行为能否改变则是新科技能否得以推广的根本所在。把服务对象的行为作为科技推广的主要研究对象，目的之一就是通过解析其原始驱动，从行为和方式上予以引导，使他们主动采纳先进科技成果，不断提高生产力水平，从而推动社会经济不断升级发展。

① 行为科学的概念

作为社会和自然的有机组成部分，人的活动会改变环境，同样，环境也会对人的身体和思想产生影响，而行为科学是指人在环境下作出的反应。相关研究表明，人的行为主要产生于个体内外部的需求。当一个人的需求没有得到满足时，个体就会做出相应的行动以达成某个目标。对于需要的渴求将会使个体拥有实现该目标所需要的动力。当个体的需求得到满足时，又会产生新的需求，周而复始，这种动力和满足后的需要将促使人不断地为目标做出行动。

马斯洛需求理论很好地阐述了行为科学的构成，将人的需要进行了归纳和分层，分别为自我实现、尊重、社交、安全和生理的需要，见图4-1。一般来说，只有满足了低层次的需要后，人们才会转向对上一层需要的追求。

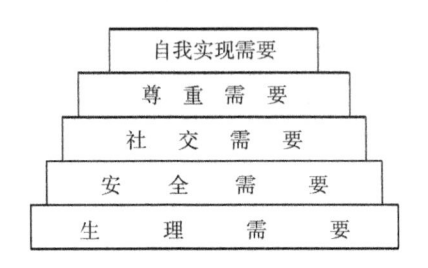

图4-1 马斯洛需求理论

② 科技推广对象行为改变的内容

科技推广从本质上来说是在受众即科技推广对象具有对新知识、新理论、新产品、新工艺的需求时，由相应的成果提供方满足其需求的组织与培训、交流的过程，也是一种具有改变行为属性的学习过程。这个过程包括四个方面，即丰富知识、转变态度、提高技能、满足期望的连续改进，进而延伸至社会环境发生相应改变(如物质、经济、社会、文化等方面)。科技推广对象行为的四个层面：一是知识层面，主要包含智力水平；二是态度层面，主要包括人的价值观和个体对外界的情感交流；三是技能层面，具体是指处理工作的技巧和能力；四是期望层面，是人类努力行动的目标，具体见图4-2。

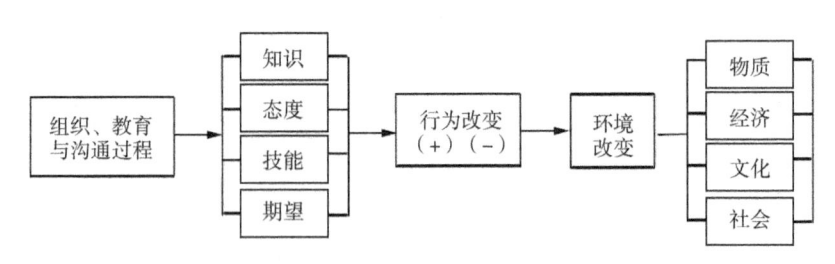

图4-2 科技推广行为模式

由知识、态度、技能、期望构成的四个维度体系若发生变化，将会导致行为的变化。科技推广通过影响上述模式中的四个维度，使对象的行为发生变化，进而促使整个环境发生变化。

③ 影响科技推广对象行为改变的因素

影响科技推广对象个人行为改变的因素可分为外因和内因。具体而言，外因包括环境影响、经济影响和社会影响，其中环境主要指生产生活环境，经济主要指政策、市场等，社会主要指家庭、群体等；而内因主要源于自身生理条件、心理和文化因素，其中生理主要指个人的健康情况等，心理主要指个性、能力等，文化主要指文化素养、学习经历等因素。

可见，影响科技推广对象行为改变的因素，来自其本身及环境两个方面。要想改变科技推广对象的行为，需要从两个方面进行考虑：一是改变科技推广受众。主要方法是组织对科技推广受众自身的培训教育，让其了解到科技的重要性，从而提升他们对科技创新的需求。二是改变科技推广的环境，主要方式是通过改变科技推广的外部环境即政策、法律、基础设施等基本条件，为科技推广的进行创造空间和可能。实施上述两种策略，不仅需要专业的科技创新人员的参与，也需要一定的资源为其实施提供条件。因此，在进行科技推广时，不仅要考虑科技推广自身的功效和影响，更要同时考虑其所处的外部环境以及受众的特征。

结合水利科技项目推广的实际情况，组织管理部门在项目立项实施过程中，要遵循以需求为导向的基本原则，选取的科技成果应能满足实际工作需要。科技人员和专家进行科技推广时,应根据服务对象的特点,因地制宜,采用培训、指导、示范等手段,以实际效果影响科技推广服务对象的兴趣和态度,促使其接受新生事物和新技术,提高生产效率和质量,从而促使科技推广行为实现良性发展。

④ 采用创新技术的行为

在科技成果推广活动中,采用者行为主要是其采用创新技术的行为。采用创新技术时存在阻力和动力,当动力大于阻力时采用创新技术,当动力小于阻力时则拒绝采用新技术。采用者的行为改变通常受到不同动力因素的影响。具体来说:一是采用者自身需求的内生原动力,二是市场需求引发的外部拉动力,三是政策导向的宏观推动力。

其中,受众的需求属于内因,是市场改变其产品的动力之一。而外因主要包括市场的需求和外部政策,外因对内因产生影响。行为的改变主要有以下两个原因:一是自身原因,受到外部环境和传统文化的影响,行为者不愿意冒着风险改变自身行为;二是环境因素,具体可以概括为经济、政策、市场的条件。

在技术推广过程中动力与阻力因素持续相互作用。受众的行为在阻力大于行动力时不会发生变化。而当行动力够强大时,行动者便会做出行动以促进技术推广,创新技术便因此产生,新的技术带来新的平衡,又驱使个体开展新一轮的行动,具体见图4-3。

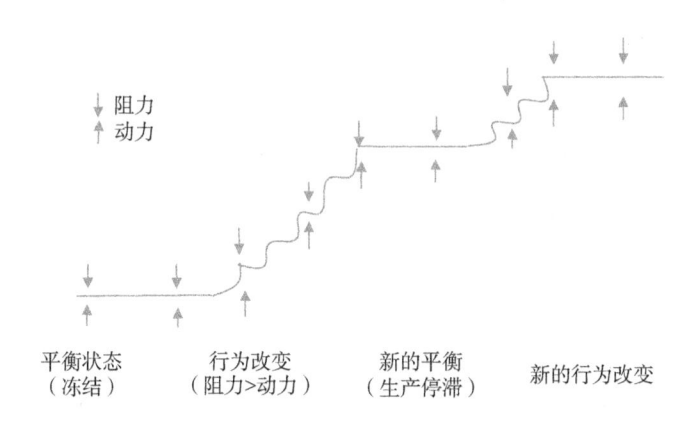

图 4-3 采用创新技术的行为改变图

(2) 踏板原理

踏板理论能够较好地从经济学的角度来阐释科技成果转化的过程。推广对象,即科技成果的采用者,按照其接纳新技术成果的先后次序,一般可以分为三种类型:一是率先采用者,即敢为人先的最初期介入;二是在"前面有车,后面有辙"的示范下的跟进采用者;三是大家都已广泛采用,新的技术产品已形成共识,这时不用不行了的被迫采用者。与客观事物发展规律类似,这个过程也是符合基本客观规律的,即成长—发展—壮大的过程(暂不讨论消亡,实际上新的技术随着广泛应用和替代,也会变成旧的落后技术而逐渐消亡),遵循由点到面再到整体扩散的过程。随着应用面的整体扩大,实现了新技术的普遍应用,从而促进了科技水平的整体提升。这一过程随着社会发展而不断重复,如同上楼梯式的踏板递进:新的技术成果出现,部分应用逐渐扩大,出现更大范围的扩散和应用,即不断采用新技术→水利科技成果产出增加→技术得到推广→寻求新的技术,如此便构成了水利技术革新变迁的循环往复和阶梯式递进过程,见图4-4。

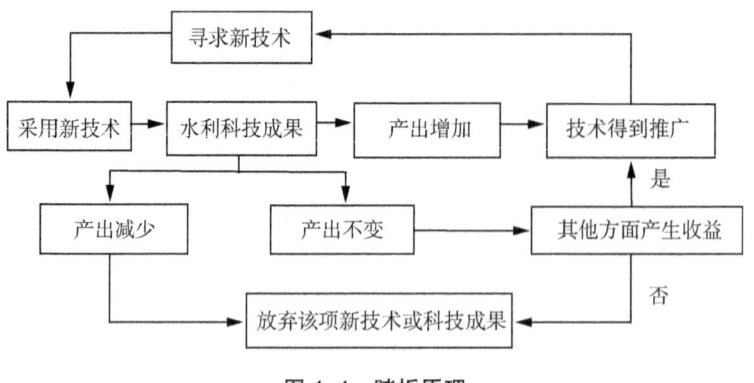

图 4-4 踏板原理

利用经济学对水利科技成果的推广对象进行分析,图4-5左图中 AC_1 为原有技术水平结构下产品的平均成本线,MC_1 为其对应的边际成本线;图4-5右图中 S_1 为原状态下市场产品供给曲线。新技术采用量为 q_1,产品的总供给量为 Q_1,采用新技术的均衡价格为 P_1。

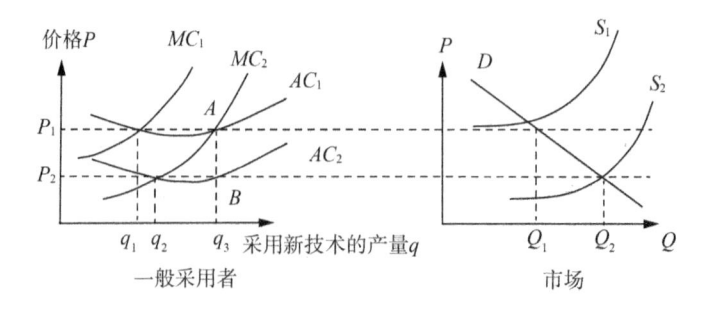

图 4-5 产品生产平均成本线和边际成本线

考虑理想状态下新技术产品迭代后,技术的进步使得产量增加,从而使得产品的平均成本和边际成本降低(当然,有时候新技术的采用并不一定引起成本降低,如环保技术的附加可能使得产品价格上涨,此处按其正向影响分析),平均成本线由原来的 AC_1 平移下降至 AC_2,边际成本线由 MC_1 降至 MC_2。因此可以得出,在这一变化过程中,在市场价格尚未技术革新作出相应变化之前,产品市场价格为 P_1 的情况下,厂商的边际收益 $MR=P_1$,而此时通过采用新技术已完成技术革新的厂商企业,产品产量已增加至 q_3(其边际成本已降至 MC_2),与其他原地不动的企业相比,获得了额外的高额利润(因实际产品价格已降低至 P_2,所获超额利润为矩形 P_1ABP_2 面积单位)。在此情况下,市场参与主体出于逐利目的将对此作出反应,更多的厂商企业纷纷进行技术革新,产品供给量大增,市场供给线由 S_1 向 S_2 右移。受供需平衡影响,产品的市场价格已低于 P_1,为及时跟进进行技术更新的厂商,更多厂商跟进,市场利润下降甚至面临亏损。前面所述的"被迫"采用者只能进行技术更新,市场上各生产参与者的平均产量从 q_1 扩大到 q_2,市场总体供给量增加到 Q_2,此时该产品的市场价格降低至 P_2,整个行业的利润率下降,迫使一部分单位再次从新技术更新中寻求突破,又开始新技术应用的下一个循环。

在利润的驱使下,生产者先后采用新的技术,完成较为普遍的升级换代,从而抵消了最开始采用新技术的超额收益,再引发下一轮的技术革新,这种现象在学术界被称为"踏板原理"。之所以称为"踏板",是因为只有新技术的不断运用,才能够为企业带来超额收益。而不及时跟进的个体将无法获得超额收益,最终在竞争中落后淘汰。技术的进步受负面影响最大的是那些未使用新技术的个体。

科技成果推广中的踏板现象,反映了在市场经济条件下新技术成果采用、扩散与革新变迁的循环往复和阶梯式递进机制。这一内在机制的形成,主要有以下几个要点:一是科技成果的采用者主动采用新的技术,这是因为竞争带来的压力,使得市场参与者不得不进行新的技术研发,从而实现技术的领先。二是科技成果采用的速度快慢取决于市场参与者自身的条件和接受能力。新技术采用后的均衡点、边际成本、边际收益等之间的作用,直接影响科技成果技术采用的速度。三是科学技术推广对象素质的高低也会影响科技推广效果的好坏,高素质的受众能最大化地利用科技创新的成果。

(3)制度变迁理论

① 诱致性与强制性制度变迁

新制度经济学认为制度是一个不断发展和变迁的过程。拉坦将制度变迁或制度创新概括为三个方面：决策单位整体行为的变化；组织即决策单位与所处环境互相影响下的变动；决策单位外部环境中支配其组织行为的规则变化。与新古典思路相结合，新制度经济学认为制度创新、制度变迁可以纳入成本收益分析框架。制度创新是指通过安排实现创新的内在化，从而使得创新预期大于创新成本。创新的成本主要是指创新所需耗费的组建维持和管理的费用。制度变迁有诱致性制度变迁和强制性制度变迁两种类型。诱致性制度变迁主要指制度创新者自发地通过技术创新实现制度创新。与此相对应，强制性制度变迁是由外部因素引起，如政府发布的政策以及法律规章等的介入与执行。诱致性制度变迁考虑在当前外部制度不变的情况下，因其他因素引发收益而诱发的制度变迁。其变迁是个人自发进行的，因此，非正式的创新不需要国家或政府进行外部操作干预，而诱导性的变迁才是非正式变迁的有效途径。正式制度创新是按照规则实施的，由政策制定的法定管理机构如政府或其授权组织按照程序实施的，属于强制性制度变迁，这种制度创新可以弥补诱致性这一自由度比较高的制度创新中，因外部性和不够严谨的随意性而产生的制度供给不足。实际上，不同的国家在制定相关政策，对正式制度进行变迁（更改）时，需要综合考虑风险和收益，对可能出现的各种影响进行谨慎评估。此时，政策制定者和决策者的主观意识以及国家性质、法规规定、治理结构等客观条件都会对制度变迁的实现产生实质性影响。例如，鹰派改革者有时会采取激进式的制度变迁，鸽派或者改良派可能会采用渐进的方式。学术研究认为两种制度变迁并不是对立的，而是应该互补和相互促进。这种互补体现在两个方面：一是诱致性制度变迁由于其自发性和不确定性，并不能覆盖社会对制度的全口径需求，特别是对组织并不能产生经济收益，但它却是社会治理所必需的；二是作为约束特点组织的制度，其属性带有公共性，需要满足不同阶层的需要，同时也具有不同的适用条件和组织实施的前提，且实施主体存在天然区别，有些制度性的变迁不适合由企业等组织实施，而有些刚性制度只能由政府来实施，这时就需要各自发挥其能动性，在互补的情况下实现制度建设的完整有效。这种相互补充考虑的不是成本收益，而是由制度本身的差异性所决定的。

与我国制度体系相适应，我们采用的制度方式以强制性为主。这种制度变迁能够极大地发挥制度优势，不过从促进创新的角度来说也存在一些限制性因素，应在执行中不断加以改进和完善。例如，我国幅员辽阔，强制性的政策很难从上到下被不折不扣地执行。同时，水利的时空分布不均也导致各地所需的政策制度不一,这便很难执行统一的制度,需要因地制宜。又如,我国多数制度通过先试点再执行的方式,减少了后续政策制度变更的费用,降低了成本。再如,强制性的制度变迁往往会抑制诱致性的制度变迁,在一定程度上不利于创新的产生。

② 路径依赖

在比较政治经济学中,路径依赖是一个重要的学术概念,尤其对于制度变迁的研究来说更是如此。路径依赖作为类似于物理学中的"惯性",是维持制度稳定的重要原因。在制度变迁研究中引入路径依赖的概念,对于制度变迁的分析、制度分类谱系的完善、路径依赖超越均衡模式研究具有重要参考价值。多样化的路径依赖模型,通过制度变迁的模式,揭示了外生因素和内生因素的统一,解决了个体和总体间的矛盾。制度变迁模式在路径依赖模式下进行探索,相对应的谱系得以完善,制度变迁模式逐步多元化。1975 年,保罗·大卫在《技术选择、创新和经济增长》中首次引入"路径依赖"理念,将之作为经济学研究的重要参考。该理念在经济学中的引入,使得很多问题有了较为合理的解释。特别是在科技日益发达的产业中,新技术的采用对产业进步和收益增加持续产生良性刺激,使得企业能够减少成本、提高收益。1980年,布赖恩·阿瑟将这一概念引入技术变迁分析,对相关作用机理及规律进行了研究,讨论了报酬对于经济增长的影响,开辟了新的研究路径和方法。亚瑟强调了回报增长有四种特征:第一,固定资产投资的降低,初始投资成本增长,使得产品的变更频率下降;第二,学习效应,学习新的路径更加耗费精力,因此掌握了某一路径后便不愿再学习新的路径;第三,协作效应,协作将使得参与者在同等精力的耗费下获得更多的报酬;第四,适应性预期,预期的好坏将会影响适应的进程。技术应用面的增长使得产品成本降低,不断的自我完善和激励使得学习效应和技术强化互相促进,从而培育出路径依赖的持续发展机制。诺斯通过整合正式和非正式的路径依赖模式进行制度变迁研究,认为竞争导致的制度间隙和空间为路径依赖的发展提供了滋生的可能。这种变数带来的多重影响中,通过不断的学习和协同,引起积极因素的放大从而带来收益增加。

标准的路径依赖模式主要包括三个特征:第一,"蝴蝶效应"中偶然事件导致的结果扩散。从系统考虑的角度出发,任何偶然因素的变化都会引起系统内的连锁反应,从而产生相应的变化。这种变化的最初起因可能是偶然性的,但偶然性引发的制度发展轨迹可能在一定条件下激发必然性的制度变迁,形成各种发展方向,这是路径依赖产生的本质特征之一,也是其滥觞之所在。第二,与偶然性相反的制度持续自我强化机制。偶然性引发的机制变化回馈于系统影响,当刺激为正向激励时,因获利带来的持续影响使得系统本身对该变化导致的机制进一步强化,类似于生物学中的"条件反射",在自我强化中实施者产生强烈的维持该制度的延续性的想法甚至变得保守,这种保守反而排斥变化——因变化的不确定性可能使得收益受损——由此产生路径依赖。作为维持制度持续性的关键核心机制,这种自我强化会在多种方案中以对己有利的方式进行比选,而不仅仅是维持单向、简单化的演化。路径依赖产生的锁定机制,即习惯性一经产生,执行者会对其他演化方向及方案产生排斥,这种与变化相对应的保守性,有可能导致既有接受的制度朝着效率降低的方向演化,直至无效循环。第三,路径演化进程的结束和路径依赖的中断。路径演化过程中带来的效益会让人产生"得寸进尺"的期待,即跨门槛效应出现,会在后续过程中出现突变的关键节点。这种关键节点一般具有明显的转折性,如同路径起点的标志性事件,而路径演化结束、中断的节点,就使得路径依赖最终中断。偶然因素引发的开始、制度自我强化的过程、路径依赖中断的结束,形成标准典型路径依赖的三个有机组成要素。

更为开放的路径依赖分析模型随着制度的变迁,重新认识并定位路径依赖的作用以适应渐进转型,是变革者及科研人员研究中永恒不变的话题。其中,Bernhard Ebbinghaus 将传统路径依赖区分为两种。第一种模型可视作踩踏路径,该模型模拟强调的是无计划下大量个体自由、无序的发展,在决定论影响的理性选择下经过重复之后的发展模式。第二种分岔路径模拟的是实施主体在面对多个选择时,经过主动分析选择的路径形成过程。该模型注重内生动力的影响,对各种制度的演变过程具有较好的模拟度。

③ 制度变迁中的路径依赖

制度变迁中的路径依赖,简单来说就是一旦产生了特定的制度变迁路径,之后的制度变迁便会依照着该路径持续进行,而不会有动力进行新的路径创新。但是这种路径依赖的影响也可能是负面的,因为一旦形成了路径依赖,人们往往会认为之前做出的制度变迁都是正确的,不会有动力对制度变迁的路径进行自主的修改和提升,因为这将会耗费大量的时间和精力。长此以往,制度便不会得到有效的发展。一旦形成了这种过度的依赖,自我增强便很难实现。自我增强机制有四种表现,分别是初始设置成本、学习效应、协调效应和适应性预期。具体来说,初始设置成本是指设计一项全新的制度需要耗费的成本，而随着制度的变迁和更新，这种成本便会逐步降低。学习效应是指学习一个新的制度变迁所需要耗费的精力以及取得的回报，个体往往会对学习的回报产生一个预期，进而会影响其行动的动力。协调效应是指系统中的不同制度和组织通过相互协调，形成一个相互适应的体系，进而有利于制度的进步和演变。适应性预期是指随着制度的变迁，路径依赖对于行动力的多少将产生极大的影响。

路径依赖使得制度在一定时间维度里有维持不变的惯性，在客观上会阻碍制度变迁和创新行为的发生，甚至会使得制度被禁锢在无效率状态之下而无法改变。"路径依赖"是决定制度变迁最终结果的一个重要因素。主要表现在：规模报酬递增。报酬递增是指作出某一选择或行动越多，获得的利益就越多。当制度变迁选择一种路径后，继续实施这种路径的成本会随着过程的推移呈现下降趋势，因为已选择路径的参与各方"熟能生巧"，适应和继续该路径所需的各种付出相应减少，彼此之间已经建立起日益有效的协同模式，同时市场预期也相对稳定。显著交易费用形成的不完全市场，信息难以有效反馈，使得制度变迁或调整缺乏依据。既得利益是制度变迁中路径依赖形成的深层次原因，因为某种制度一旦成型，相关利益主体或者获利集团会对该路径产生的收益产生期待，进而衍生出继续维持该制度的内在驱动，不会轻易尝试改变既有路径，甚至反对新的制度出现。因此，制度变迁中的路径依赖一经形成，其发展方向将在制度的自我强化中力求维持现有状态。

④ 制度变迁理论与水利科技推广

根据水利行业公益性特点，水利行业主要依赖公共财政以支持技术研究和推广。水利科技推广中的诱致性制度变迁，是在增加了水利科技推广约束条件下的诱致性变迁。在传统水利向现代水利的发展过程中，水利发展所带来的社会效益和经济效益的双重增加，使得水利技术成果产生的主体对技术的需求、对更高层面的制度的需求不断增加。在这一过程中，势必会要求用绩效较高的推广制度代替绩效较低的制度，从而形成水利科技推广体系的诱致性制度变迁。此外，水利科技推广体系存在强制性制度变迁，因为水利行业具有明显的公益性特点，市场发育不完善，更多的政策制定和实施是以政府为主导的，制度在水利相关工作包括科技推广中发挥着重要的支撑保障作用。在此情况下，政府发布的政策和制度由最初的体系不断丰富完善，带有明显的强制性，制度变迁的效率由政府政策左右，同时也受到政策制定者的发展理念、基本需求、既定目标、各方平衡等诸多因素的影响。

在实际工作中，无论诱致性制度变迁还是强制性制度变迁，对于水利科技推广体系建设完善都具有相应的作用，二者之间存在着不同的主体、优势和对象，彼此成为有益的补充，都是制度建设不可或缺的组成部分。一是制度变迁的主体不同。诱致性制度变迁的主体是推广过程中水利科技成果转化中受益的社会公众、科技企业、中介组织、科研单位及科研人员，而强制性制度变迁的主体是国家或政府。二是制度变迁的优势不同。诱致性制度变迁是相关参与主体本着自愿接受和有利可图的原则，一般是在循序渐进的过程中完成的，带有选择性和博弈性；而强制性制度变迁的优势体现在执行效率方面，主要由政策的制定者推出相关制度并以行政的方式予以推行，能够在最短的时间内让各参与主体迅速接受，显著降低了制度变迁过程的成本。三是两种方式的目的和解决问题的出发点不同。诱致性制度变迁所要解决的是外部效果和"搭便车"问题，而强制性制度变迁需要考虑制度制定和执行中各参与方的利益均衡及非经济因素（如政治体制、意识形态）等。将诱致性制度变迁和强制性制度变迁有机结合，是解决实际问题较为有效的措施，二者并非互斥而独立存在。

此外，水利科技推广中还存在着明显的路径依赖。在水利科技现代化的进程中所确定的水利科技推广制度，必然是在一定的经济历史条件下确立的，反映了推广体系中各个主体的利益关系，是一种规则。这种规则代表着既得利益层的利益，会在发展中不断自我强化，具有相对的稳定性。水利科技推广体系的稳定性可能有两种结果：一种是制定的政策符合社会发展需求，能够有效提升工作效率，该体系处于良性运行状态，并保持持续稳定；另一种是体系政策不能适应环境变化，导致制度和体系在路径依赖中效率降低，起到相反的作用。水利科技推广体系建设的研究，就是努力突破后一种状态，找出问题所在，通过政策调整，努力适应发展需要，力争沿着前一种状态建立良性循环。

4.2 水利科技推广计划成效评估的影响因素

水利科技推广是贯穿于社会系统、经济系统和技术系统的一个大的系统工程，社会、经济、技术系统之间互相依存，互为条件，共同作用，贯通融汇为以技术活动为主体的一个过程。水利科技推广计划属于政府公共投资的项目，自计划执行以来，计划的综合评估受到很多因素的影响，需从多视角全面考量。

4.2.1 评估时间节点

项目评估的阶段可以分为立项评估、进展评估、绩效评估,也称为事前评估、中间评估和事后评估。事前评估是在活动开始之前进行的评估决策,中间评估主要针对活动阶段过程中出现的情况进行分析,为控制活动进度和进行调整提供参考,事后评估主要是活动完成后进行的评估、总结,为今后的决策与管理服务。项目事后评估是项目完成后对项目的执行过程、目标完成情况、项目所取得的效益及影响等所作的系统分析。项目事后评估的本质是一种项目后评估,其评估的角度是在项目结束后对项目运行过程和项目成果进行系统的分析,其出发点在于对科研活动的绩效进行评估。水利科技推广计划从2003年到现在已经执行十多年的时间,有必要对其运行的效果进行综合评估。建立项目的事后评估机制,并通过事后绩效评估构成对项目承担单位的激励与约束机制,可以在一定程度上扭转目前科技项目重立项、轻研究的局面。

根据项目后评估理论,项目后评估的内容一般包括项目目标评估、项目实施过程评估、项目效益评估、项目影响评估、项目持续性评估等。水利科技推广计划项目的目标系统、实施过程、效益体现等与一般项目有所不同,其事后评估的内容也有其特殊性。根据水利科技推广计划项目的特点和项目评估理论,项目事后评估的目的主要有以下几个方面:第一,评估项目立项目标的实现程度,是否存在差异及差异产生的原因。项目事后绩效评估的一个重要目的就是分析项目目标的完成情况。对于未完成预定目标的项目,还要分析其目标差异产生的原因,从目标设置合理性、项目环境变化和项目运行过程角度进行分析,发现问题所在,为以后科技项目的目标设定和过程管理提供经验。第二,评估项目实际取得的效益和产生的影响。项目结束后对经济、社会产生一定的效益和影响是项目立项目标之一,但由于水利科技项目所具有的创新性和不确定性特点,在项目立项时无法对项目的效益和影响制定合理的量化标准。同时政府科技计划项目所具有的宏观性、战略性和效益发挥的滞后性、间接性,也使得项目的效益和影响并不能作为项目验收时的主要评估指标。并且项目结束后其成果的效益和影响只能得到部分体现,对其进行准确的度量十分困难。但项目成果效益和影响分析对于优化科技资源配置、调整科技项目立项方向等都具有重要意义。第三,分析项目的后续研究工作是否有必要继续给予支持。项目完成以后,对项目管理者来说,仍存在总结验收而需进行评估以揭示项目已经产生或潜在的收益。通过对项目目标完成情况、项目实施过程情况和项目的效益及影响进行评估,可以对科研团队的工作绩效形成认识,同时也可以发现具有继续研究价值的领域,为后续项目选择提供依据。

水利科技推广计划项目已执行十余年,从项目评估阶段划分,水利科技推广计划成效评估属于后评估,其评估重点围绕目标定位与布局、管理与组织实施、项目产生的效果与影响等方面展开。

4.2.2 科研活动的特征

(1) 科研活动的类型

从性质分,科研活动可分为基础研究、应用研究和试验开发活动。根据联合国教科文组织对 R&D 活动的统一划分,R&D 活动由基础研究、应用研究和试验开发等三部分组成,基础研究和应用研究称为科学研究。相应的评估也可针对基础研究、应用研究和试验开发展开。从已有的经验看,人们更多地投入试验开发、应用研究两个领域的评估工作,而对基础研究的评估相对较少。这主要是因为基础研究只是 R&D 活动中的一小部分,R&D 的大部分经费投在应用与开发上。

基础研究指为获得关于现象和可观察事实的基本原理及新知识而进行的实验性和理论性工作,它不以任何专门或特定的应用或使用为目的。其成果常表现为一般的原理、理论或规律,并以论文的形式在科学期刊上发表或学术会议上交流。许多国家基础研究项目的评估准则都与本国的战略目标和战略计划及对社会产生的经济效益等联系起来。应用研究是指为获得新知识而进行的创造性研究,它主要针对某一特定的实际目的或目标。其成果形式以科学论文、专著、原理性模型或发明专利为主。试验开发是指利用从基础研究、应用研究和实际经验中所获得的现有知识,为产生新的产品、材料和装置,建立新的工艺、系统和服务,以及对产生和建立的上述各项作实质性改进而进行的系统性工作。其成果形式主要是专利、专有知识、具有新产品基本特征的产品原型或具有新装置基本特征的原始样机等。R&D 绩效评估按活动类型,可分为基础研究的投入绩效评估、应用研究的投入绩效评估以及试验发展的投入绩效评估。水利科技推广计划是一项科技成果推广活动,本研究中的成效评估属于应用研究与试验发展阶段的评估,遵循 R&D 绩效评估的原则。

(2) 水利科技推广成果的表现形式

从科学研究的创新链分析,水利科技推广计划属于整个创新链的下游。创新链是指围绕某一个创新的核心主体,以满足市场需求为导向,通过知识创新活动将相关的创新参与主体连接起来,以实现知识的经济化过程与创新系统优化目标的功能链节结构模式。从表面看,创新链是由创新参与主体连接而成的链条;从本质看,创新链是为生产出能满足市场需求的产品,而将相关知识创新活动在各参与主体之间进行分工,通过参与主体之间的有机配合及其知识创新活动的有效衔接,产出能用于最终产品生产的技术。从这一意义上讲,创新链实质上是不同知识创新活动连接而成的链条,知识创新是其生命线。只有通过知识创新活动在不同参与主体之间传承、转化和转移,使不同参与主体都能获取知识创新的增值收益,才能将他们连接起来,进而实现知识的经济化与创新系统的优化。

水利技术创新链是指围绕水利技术创新过程的某一个核心主体,以满足市场需求为导向,通过现有水利知识和技术的应用与转化、水利技术发明和成熟水利技术的形成以及成熟水利技术的扩散等,将水利技术发明主体、水利技术首次商业化使用主体和水利技术扩散主体联结起来,以实现水利知识的经济化与水利技术创新系统优化目标的功能链结构模式,它是水利技术创新的过程表现形态。整条水利技术创新链是在现有水利知识和技术基础上,将水利技术发明、水利技术首次商业化使用和水利技术扩散等基本环节有机衔接而成。从经济的角度看,水利技术创新链是价值增值链;从水利技术创新链各个环节的关系看,它是供应链;从水利技术创新链的目标追求看,它是产业链。水利技术发明为水利技术创新链的上边界,水利技术扩散为其下边界。水利技术发明要以现有水利知识和技术为基础,水利技术扩散涉及水利产品生产等,因此,水利技术创新链的影响范围涉及水利科技、水利产品运用等各个领域。对水利科技推广计划成效进行评估不能仅仅从基础研究和应用研究中的论文数、专著数以及项目所产生的经济效益、社会效益、生态效益进行考量,还要考虑技术扩散产生的技术溢出效应。

4.2.3 水利行业特征

(1) 水利投资的基础性特征

水利是国民经济的基础产业。对于水利项目尤其是大中型水利项目,国家进行了政策性投资,当地政府和人民群众也大力支持水利建设,很多工程凝结着数以万计人民群众的劳动。随着社会经济的不断发展,人们对公共基础设施的投资需求或基础性投资利润率的要求不断增加,公共基础设施的投资规模也不断扩大。如果不存在一个具有很强替代性的产品,那么将会在竞争中导致该替代品形成过度投资。水利基础设施投资具有其特征,即投资规模大、建设周期长、自然垄断强、投资与使用效率相对低下,因此,当"投资收益率"逐步提高需要扩大生产能力时,相应的投资者较少,新的市场竞争对手加入比较困难,促使投资者之间形成一致性的协议。相比之下,有计划的个别竞争者和整个社会的无政府监管状态之间的冲突要更容易避免得多。然而,纵使该行业属于寡头垄断,无论垄断程度如何,总是会存在投资后生产的相对剩余。这可能是计划和竞争的双重结果,也可能是计划或者竞争单一作用的结果。计划是按照该行业特有的投资技术要求所确定的。水利部门的产出产品是大众生产生活消费与全社会其他所有部门生产不可缺少的部分,因此如果让市场进行自我调节,那么即使这些产品的供给和相应出售价格发生了微小的变化,也将会导致国民经济发生变化,并对社会经济产生负面影响。从理论上讲,从静态来看虽然这种变动并不会影响一个国家的总产出水平,但会使社会内部的收入分配结构发生调整,并引起社会成本上升、利润下降,使国民经济中的其他生产部门减少生产与缩小投资规模。因此,对于那些自然垄断性强的公共基础投资,比如水利基础设施建设投资,需要通过公共投资来投资建设,以促进国民经济发展。

(2) 水利投资的公益性特征

水利工程在运行期间不断得到国家政策性支持。水利工程一般具有防洪、发电、供水、灌溉、除涝、治渍、水土保持,甚至是养殖、通航、旅游等功能,影响着社会生活的方方面面,具有其他项目无法比拟的社会性。水利的公益性投资,是指不以谋取利益为目的,而是为了促进某些社会公共功能的发挥、符合社会大众的需求以及增加人民的获益所做的项目投资。公益性投资是为了符合社会广大群众的需求和发挥一定的社会功能,因此它的运作程序也就与我们所提及的基础性建设投资的运作程序有很大的不一致。然而,现实中大部分水利行业的投资活动不仅具有基础性投资的特征,而且还具有公益性投资的特征。因此,在对水利的基础性特征做出分析以后,还有必要对水利的公益性投资特征做出探讨。

如果水利的某些产品或服务是以低于运行成本或免费方式向社会或社会特定成员提供,人们对这种产品或劳务的需求总是大于其供给,出现过剩的情况较少见,一般不存在由于供给不足而引起投资过热的状况。虽然投资不存在因短缺引起投资过度的状况,但其投资的多少同样与短缺程度成正比。这主要是因为这种投资的主体主要是国家或地方政府,而国家或地方政府的投资要通过一系列的政治审核程序来决定。进一步分析,政府投资中除去为实现政府职能而必须投资的部分外,其余部分投资包含为提高人们生活质量或生存能力而进行的基础性投资以及为保障人们基本生活而进行的基础性投资。在经济生活中,这两种投资的运动方向是不同的。一般来说,前者对投资的需求往往与人们的生活质量要求相一致,也与经济周期的波动方向相一致。因为这种需求是较高层面的社会需求,它的强弱与人们的生活水平相一致。在经济发达国家或者在经济处于高涨时期,人们对提高生活质量的水利投资需求强度较大;反之,在经济发展相对落后的时期,人们对保障自身基本生活的水利投资需求的强度较大。

水利行业因素的影响决定了水利科技推广计划评估要充分考虑基础性和公益性,单一的效益评估不足以反映水利科技推广计划的全部效益,需要综合测算经济效益、社会效益和生态效益等多方面成效。

4.2.4 项目公共投资属性

对于每一个科技项目,其成果的受益范围和价值主体的不同将对项目评估的目标和评估设计产生重要影响。对于不同的科技项目,其价值主体也将有所不同。对企业 R&D 项目来说,项目的成果将直接转化为生产力,在满足了社会公众的物质或精神需求的同时,也给企业带来了直接的利润,因此企业是直接的价值主体。而对于基础研究、应用研究和产业关键技术研究、战略性技术研究等领域的科技研究活动,其成果的外部性和成果用途的不明确性使之成为"市场失灵"的领域,企业对此领域的科研活动不愿意或没有能力进行投资。而从整个创新过程来看,科学和技术的结合越来越紧密,没有科学的发展,技术也无法得到快速的发展,"市场失灵"领域的科技研究活动同样具有重要作用,政府科技计划所支持的领域恰恰就是此类领域。

水利科技推广计划项目作为政府科技计划项目,具有公共投资属性,并具有效益不明确性或效益外溢性。项目的受益范围不仅仅局限于小群体,可能惠及所有社会公众,因此,政府科技计划项目成果所满足的是社会公众的需求,社会公众就成了此类项目的价值主体。政府运用来自社会公众的财政资金支持"市场失灵"领域的科技研究活动,是政府为社会提供公共产品职能的一种体现。由于社会公众是政府科技计划项目的价值主体,政府科技资源的分配和科技计划项目的选择与管理应以满足社会公众的需求为目标。然而出于决策成本和决策效率的考虑,在进行科技计划项目筛选、进展评估和验收评估时,不可能也无法实现理论上的价值主体参与其中。同时,由于"市场失灵"领域科技研究活动成果效益的不确定性,大多数社会公众也不具备对科技研究价值判断的素质和能力,由相关行政机构作为社会公众的代表,以科技发展规划、计划的形式引导和调节某些领域的科技研究活动,不仅有利于科技的发展,而且有利于从宏观上把握社会公众价值主体的科技需求,从宏观层次上选择能最大化满足价值主体需求的科技发展方向。从这个意义上讲,政府成了价值主体的代表。在科技计划项目管理中,科技项目理论上的价值主体的利益必须通过一定途径反映到科技计划项目的立项和全过程管理中来,科技发展规划制定中的民主机制和科技计划项目管理中的民主机制是必不可少的。同时,相关行政机构作为社会公众的代表运用财政资金对科技研究活动进行引导和调节,在社会公众与相关政府机构之间形成了一种委托与代理关系。

水利科技推广计划作为一项政府公共投资项目,一方面要评估公共投资的效率,另一方面要从管理的角度进行绩效评估。

4.3 水利科技推广计划成效评估框架

根据上述水利科技推广项目的特征、水利行业的特征以及项目公共投资属性,借鉴我国科技计划评估方法,选择目标-管理-效果评估方法,结合政府效应评价"4E"理论,从经济性维度、效率性维度、效益性维度、技术溢出维度及管理绩效维度,构建水利科技推广项目绩效分析框架,见图4-6。

在水利科技推广项目的目标-管理-效果框架中,"总体目标"是指水利科技发展目标;"具体目标"是指水利科技推广各项目实施目标;"投入"指赋予项目的外部资源,包括人财物及保障性政策等;"管理与组织实施"指水利科技推广项目程序规范性、科学合理性、效率和公开透明性;"产出"是指能够予以描述并固化呈现的各种科技成果,一般与重要考核指标密切相关;"效果"与"影响"是科技计划实施后直接产生或间接产生的改变,这种改变可能是多向的,包括正反、主次、计划内和计划外等,一般指对周边或行业产生的改变和长期效果。

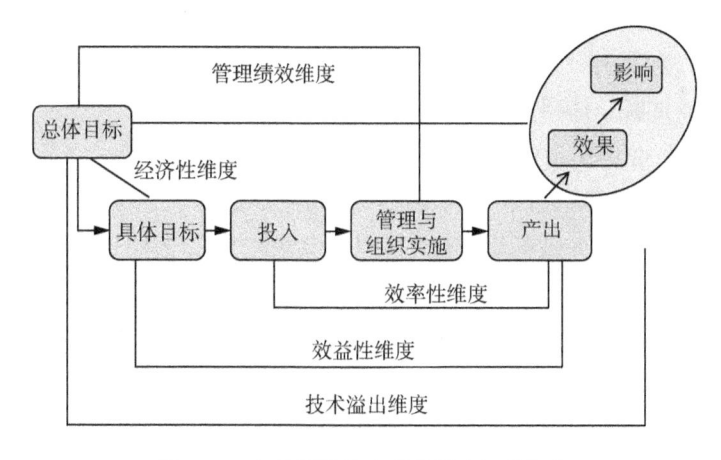

图 4-6　水利科技推广项目效应评价框架

因此,经济性维度绩效着重考察水利科技推广项目的具体目标与水利科技发展总体目标的相符程度。效率性维度绩效评价着重考察投入要素和水利科技推广项目产出的关系以及科技资源配置的有效性。效益性维度绩效评价着重考察水利科技推广项目的结果对实现社会、经济预期具体目标的影响效果和程度,即项目是否达到预期目的,是否产生经济效益、社会效益和生态效益,不仅衡量直接效益和近期效益,也要衡量间接效益和远期效益。技术溢出维度绩效评价着重考察水利科技推广项目产生的效果和影响与总体目标之间的外部效应。管理绩效维度绩效评价着眼于组织者,主要考察程序的规范性、合规性、效率性和科学性。

4.4　水利科技推广计划成效评估指标体系构建

在水利科技推广成效评估框架的基础上,进一步从经济性维度、效率性维度、效益性维度、技术溢出维度和管理绩效维度五个维度来选取评估指标。

4.4.1　经济性维度评估指标

(1) 经济性评估的内涵

经济性是指恰当质量和数量的资金、人力和物力在恰当的时间使用,可以通过对投入及过程的测定并通过与标准的比较来衡量一项活动是否经济。经济性评估即按照资源合理配置的原则,从国家整体角度对投资项目的经济效益进行分析和评估,计算项目对国民经济的净贡献,以评估投资行为的经济合理性。在水利科技推广计划中,经济性评估是指科技计划各项活动投入与水利科技发展总体目标的相符程度。

(2) 经济性评估指标的选取

作为政府投资项目,水利科技推广计划经济性评估标准显然不同于商品生产企业的经济性评估标准,企业根据其实现的利润来评估其经济活动,而政府项目则根据其对社会利益的贡献度来进行评估。水利科技推广项目评估主要从公共投资角度和投资的宏观经济学角度进行。从公共投资角度选用投入强度来对推广计划的经济性进行评估,从宏观经济学角度选用水利科技成果推广对水利科技产出的拉动作用来对推广计划的经济性进行评估。

从公共投资角度看,财政科技收入是国民收入的重要组成部分,在一定时期内,社会提供的资源总量较为稳定,决定了财政科技收入来源的有限性,而社会对科技投入需求却有其无限扩张性。在收入规模总量一定的条件下,财政R&D项目投入的经济性主要体现在投入结构的合理性,以克服财政分配不均和严重浪费,即财政R&D项目投入各构成要素满足科技水平发展需求,且各构成要素占财政R&D项目投入总量的比例协调、合理。从实践看,政府项目的经济效益不如企业,一般不如企业那样有效地利用有限的资源。这里存在着两个主要障碍:第一个障碍,政府投资承担的部门缺少竞争压力,无法引起其足够的重视来有效使用公共资源,政府某些内在缺点如官僚主义,在一定程度上使承担项目单位对公共投资失败不负任何经济责任。同时,政府部门实行预算供给制,政府部门项目支出不受商品生产价值机制的影响。当政府机构在无效或不合理地使用其资源,对项目进行不合理投资或无效投资时,承担项目的部门不像企业那样由自己来负担经济损失。第二个障碍,政府部门项目支出缺乏与回收效益之间的内在联系。企业的成本和收入都由企业本身来承担,企业更关注生产成本,而政府项目的投资来自公共投资,受益归项目外部的居民和社会。

从科技推广的研发投资看,研发投资是指统计年度内各执行单位实际用于基础研究、应用研究和试验发展的经费支出,它包括实际用于科学研究与试验发展活动的人员劳务费、原材料费、固定资产购建费、管理费及其他费用支出;科技经费内部支出额是指统计年度内用于科学研究与试验发展(R&D)、R&D成果应用以及科技服务活动的实际经费支出,包括从事科技活动人员劳务费、科研用固定资产购建支出以及其他用于科技活动的支出。从这两个统计口径中可以看出,科技经费内部支出额的统计范围比研发投资的统计范围大,因此每年的科技经费内部支出额要大于研发投资额,这笔资金主要体现在 R&D 成果应用推广以及科技服务活动中。与一些发达国家相比,我国的技术转化机制还不够顺畅,很多科研成果还必须经过科技推广后才能在现实经济生活中得到利用,才能转化为实际的技术知识存量,才能真正地推动地方经济增长。这就是说,在我国,R&D 成果应用推广费和科技服务活动费在使研发投资转化为技术知识存量方面起到了推动作用,因此在计算技术知识存量时,应把 R&D 成果应用推广费和科技服务活动费作为形成技术知识存量的一个因素,即用科技经费内部支出额代替研发投资额来计算技术知识存量能更好地体现一个国家和地区的技术知识存量。因此,在科技计划经济性评估时可选择科技资金投入强度来衡量投入的经济性。

从国民经济评估角度来看,国民经济评估是按照资源合理配置原则,从国家整体角度考察项目的效益。国民经济各部门对 GDP 的贡献作用包括推动经济和拉动经济两个方面。推动经济是在原有资源上投入更多的新资源来使经济得到发展,如基础投资建设通过交通、机场、水利、通信等投资,推动整个社会资源财富增加,促进经济发展。拉动经济是在现有资源上使资源利用效率效益最大化,如已建的基础设施资源,政府出台政策引导这些资源的利用,拉动经济发展。当这些公共资源(拉动经济)达到或超过了最大效率和效益时,政府又会投入新的资源来推动经济的发展。总而言之,经济的发展是一个周而复始的过程,推动和拉动会在不同时期和阶段表现出来,从而形成一个完整的经济周期。水利科技推广项目作为水利 R&D 投资的一个部门,可促进水利技术进步,改善供需水结构,诱发新投资和经济结构调整,诱发农业、林业等相关行业的产业进步,间接对 GDP 作出贡献。

综上,选用资金投入强度以及资金拉动作用作为评估水利科技推广计划经济性的指标。

① 资金投入强度

资金投入强度从三个指标来反映:一是国家水利科技资金投入强度,由国家水利科技资金占 R&D 政府资金经费支出比例来表示;二是国拨推广资金投入强度,由国拨推广资金占国家水利科技资金比例来表示;三是水利科技成果推广资金的投入强度。水利的行业特点和水利科技成果的公益性特征,决定了水利科技推广应以政府资金投入为主导。对于公益性为主的水利行业科技成果的推广,难以产生足够的经济效益维持项目的后续推广应用,政府投入的推广资金主要作为引导资金，带动地方配套资金及承担单位自筹资金等投入水利科技推广，因此带动地方投资等的作用是衡量推广资金投入经济性的一个重要方面。

② 资金拉动作用

与一些发达国家相比，我国的技术转化机制还不够顺畅，很多科研成果还必须经过科技推广后才能在现实经济生活中得到利用，才能转化为实际的技术知识存量，才能真正地推动水利科技产出的增长。水利科技产出为防洪效益、除涝效益、灌溉效益、发电效益及供水效益之和，水利科技成果推广计划投资对水利科技产出起到了推动作用。水利科技推广计划投资对水利科技产出的拉动指标，是将水利科技推广计划投资与决定水利科技产出的其他因素联系起来，使判断和结论建立在充分的依据之上，以反映水利科技推广计划投入的单位变化对水利科技产出指标的影响。资金拉动作用可以从推广资金与水利科技产出的相关性、推广资金对水利科技产出的贡献弹性以及推广资金对水利科技产出的拉动系数来衡量。具体指标见表 4-2。

表 4-2　经济性维度评价指标

评估维度	一级指标	二级指标	指标解释
经济性维度	资金投入强度	水利科技资金投入强度	水利科技资金/政府 R&D 经费
		国拨推广资金投入强度	国拨推广资金/水利科技资金
		国拨推广资金带动作用	自筹资金/国拨推广资金
	资金拉动作用	与水利科技产出的相关性	R(推广资金 & 水利科技产出)
		对水利科技产出的贡献弹性	e_t(推广资金 & 水利科技产出)
		对水利科技产出的拉动系数	q(推广资金 & 水利科技产出)

4.4.2　效率性维度评估指标

(1) 效率性评估的内涵

效率是用最小的投入获取最大的收益。或者说如果收益给定，那么所谓效率就是成本最小化；如果成本给定，那么所谓效率就是收益最大化。事实上这也是经济学表述"效用最大化"或"利润最大化"时常用的方法。如果面对的是一系列给定的成本和收益，那么效率就是设法选择其中差距最大的成本收益组合。结合效率的概念，水利科技成果推广计划的效率可以看作计划中投入与产出或成本与收益之间的对比关系。从本质上讲，它是资源的有效配置、市场竞争能力、投入产出能力和可持续发展能力的总称。在科技计划评估中,效率是指科技资源投入转化为科研产出和结果的经济性的测度,通常需要比较不同实施方案的投入产出情况,以选择最有效率的科技行动。水利科技成果推广计划作为国家科技计划的一部分,虽然其效率在一定程度上受到政府意愿的主导,并不是完全的市场行为结果,但是对于水利科技成果推广计划效率的研究仍然可以反映出我国水利科技成果推广的资本配置效率情况。

(2) 效率性评估指标的选取

水利科技成果推广项目的效率是衡量水利科技资本在水利产业内部使用效率的有效指标。项目的效率在一定程度上对引导水利科技推广投资行为更加科学合理、水利产业利用更加适应需求发挥着关键作用。水利科技成果推广计划效率的优化在给定资本要素投入情况下,能够在配置和利用上进一步改进效率,促进产出。选用DEA模型来测算效率,包括技术效率、纯技术效率、规模效率、技术进步和全要素效率。其中全要素生产率(TFP)=技术效率(TE)×技术进步(TP),技术效率(TE)=纯技术效率(PE)×规模效率(SE),按照时间序列和成果类别分别计算水利科技推广资金的动态和静态效率。

① 纯技术效率(PE)

表示在同一规模即规模效率不变时,给定投入得到的最大产出。纯技术效率和规模效率共同组成技术效率,因此之前所求出的技术效率值实际上包含规模效率。纯技术效率值即是将规模因素剥离,以便分析在短期内不含规模因素的情况下组织的技术效率。若纯技术效率值等于1,表示已按纯效率的方式生产经营;若纯技术效率值小于1,则表示其未按有效率的方式生产,称之为纯技术无效率。

实践中影响水利科技成果推广纯技术效率的因素主要是技术推广和技术效能。一方面从计划实施的角度看,主要包括:第一,劳动者的技术熟练程度及对技术成果的掌握程度。科技成果的生产活动需要高素质的劳动者,他们对机器设备和生产工艺的掌握程度和驾驭能力决定了生产效率的高低。水利产业的技术设备和生产工艺大多比较先进,有的生产工艺还不是很成熟,需要高技术的劳动者在生产中不断摸索工艺的规律性,将生产设备调试到最佳的生产状态,才能形成最大的产出。劳动熟练程度不够,或者对生产设备和生产工艺掌握不够,都会导致生产非效率。第二,传统的组织形式适应性弱。由于水利科技成果推广计划以支持科技成果推广项目的形式实施,实施过程中组织管理较为分散,在很大程度上影响了技术效率的发挥,易导致因组织设置或分权不当产生的技术非效率。除此之外,计划项目管理的科学性、参与计划的劳动者的积极性对水利科技成果推广计划的技术效率也会产生影响。

另一方面从产业层面看,纯技术效率还要受到以下因素的影响:第一,产业链及供应链的完备程度。从产业层面来看,产业链是否形成,上游产业所提供的原料、材料及燃料,下游的经销商或者客户的成熟程度、销售网络的健全程度,互补产品的生产供应状况及销售网络健全度等都会影响产业技术效率的发挥。而水利科技成果往往是一些新技术、新材料、新产品,在产业链及供应链上不是很完备,尽管这个产业的主要技术和主体产品生产已经成熟,但因为产业不成熟,会导致技术非效率,无法在既定技术下使产出达到最大化。第二,产业市场的完备程度。一个产业就是一个市场,市场的完备程度决定了一个产业的市场需求能力和市场销售状况,而需求能力和销售状况又反过来影响该产业的生产状况。如果市场不完备,市场对某一产业的产品需求不足或者对该产业产品的认知不足会导致购买力不足,使得该产业的生产能力闲置,即不能满负荷生产,既定的投入难以达到最大的产出,也即生产能力过剩,从而导致了技术非效率。第三,资源的质量及供给结构。对于一个产业来说,资源的供给状况对其生产的稳定性和效率的影响非常明显。该行业的劳动力资源供给、资本供给及其他相关资源供给状况与供给结构,影响着该产业的生产投入结构和资源的选择。从技术有效率的角度看,投入的资源都有一定的比例,即使技术设备已经投入,但相关资源不能及时供给而导致供给不足,会影响整体效率的发挥。水利科技成果推广最为重要的是技术成果和资本投入的供给状况,两者的供给数量、质量和结构在很大程度上影响着技术效率,并在某种程度上决定了技术效率的高低。

② 规模效率(SE)

表示在最大产出下,技术效率的生产边界的投入量与最优规模下的投入量的比值,由此可以衡量在投入导向模型下是否处于最优生产规模。在经济学意义上,所谓最优规模就是指处于平均成本曲线最低点时的生产状态,在规模效率下,能够实现利润或绩效的最佳水平。规模效率值等于1,表示具有规模效率;规模效率值小于1,则表示其不具备规模效率。规模无效率的决策单元既有可能处于规模报酬递增的状态,也有可能处于规模报酬递减的状态。若处于规模报酬递减(DRS)阶段,表示规模过大,必须通过缩小规模才可达到最佳规模状态;若处于规模报酬递增(IRS)阶段,则表示规模过小,必须通过扩大规模才能达到最佳规模状态,取得最大的收益。

根据生产规模的边际收益理论,在技术水平不变的前提下,随着资源的不断投入,产品产量会出现从规模递增、不变到递减的过程。根据这一理论,产业所投入的资源应该使产量规模超过报酬递增阶段,达到报酬不变,以获得最高的规模报酬,即实现规模经济。规模经济是指由于规模的扩大使得长期平均成本降低而带来的经济节约性。用生产函数表达规模收益递增时,意味着在一个既定的生产中,产出增加的百分比需要一个较小投入增加的百分比。水利科技成果推广计划是以知识、技术创新为基础的,同样受到规模报酬递增规律的影响。知识要素不同于其他生产要素,具有规模报酬递增的性质。科技成果可被视为"凝结的知识",知识是科技成果生产中最重要的生产要素。科技成果呈现规模报酬递增性质,正是由知识要素的特性决定的。首先,知识具有互补性。这表现在两个方面:一是知识作为生产要素,它的再生产遵循的是超加和性关系,即产出的知识大于投入的各项知识的简单加和;二是知识与其他生产要素结合,可以提高其他生产要素的生产率。其次,知识具有可共享性,同一项知识经共享和反复使用后不仅没有减少反而产生了新的知识,因为知识使用的过程也是学习的过程。通过知识的生产和使用产生新的知识,新的知识与已有的知识互补进一步产生新的知识。与此同时,不断增加的知识与其他生产要素结合将不断提高后者的生产率,而生产率的提高又使得更多的人可以从事知识的创造,这就构成了一个正反馈循环,结果就产生了报酬递增。因此,规模经济对水利科技成果推广计划效率的提高具有正相关的作用。当然随着某一科技成果逐渐走向成熟,这种规模报酬递增现象也会逐渐消失。

③ 技术效率(TE)

表示为在最大产出下,最小要素投入的成本,可以反映项目各项投入的总体运用效果,从而反映效率水平。可以根据所得到的技术效率值,衡量在投入导向模型下是否存在投入要素的浪费。若 TE≠1,则存在(1−TE)比例的投入资源浪费,或者说,以(1−TE)的比例将投入减少,以减少或避免对投入资源的虚耗。技术效率主要受纯技术效率与规模效率变动的影响。

④ 技术进步(TP)

全要素生产率把技术变化指标作为除投入要素以外对产出有影响的无形要素,一般认为是技术创新进步、组织创新等。实践中,对于水利科技成果推广而言,就是指水利科技成果转化后,在实际生产应用中的延续及扩大使用。因此，与科技成果转化侧重于强调新产品、新工艺的形成相比，科技成果推广则更强调扩大使用规模。可以看出，科技成果转化和推广两个过程是一致的、同时发生的，但延续过程的时间长度是不同的。科技成果推广可以看作科技成果转化的量不断累积增加的过程。在这一过程中，水利科技成果通过采用新材料、新元件、新结构、创造性构造、新功能和用途，创造新市场，满足生产生活的新需求，从而形成新的产业。然而，水利科技成果创新并不是一次创新就能够保证永久地满足市场需求或者保证永续性的效益，在带有根本性的水利科技成果创新并在商业化上获得了成功之后，还必须基于原始创新采取持续不断的创新活动。因此，不断的技术创新和产品创新，对整个行业的效率提升和发展壮大具有市场价值和经济意义。

⑤ 全要素生产率（TFP）

全要素生产率是衡量单位总投入的总产量的生产率指标，即总产量与全部要素投入量之比。计算中可以将全要素生产率分解为技术效率与技术进步，其中技术效率又可以分解为纯技术效率与规模效率。实践中全要素生产率的来源包括技术进步、组织创新、专业化和生产创新等。产出增长率超出要素投入增长率的部分为全要素生产率增长率。具体指标见表4-3。

表4-3 效率性维度评估指标

评估维度	一级指标	二级指标
效率性维度	静态效率	技术效率
		纯技术效率
		规模效率
		技术进步率
		全要素生产率
	动态效率	技术效率
		纯技术效率
		规模效率
		技术进步率
		全要素生产率

4.4.3 效益性维度评估指标

（1）效益性评估的内涵

效益性是指水利科技推广计划的结果对实现社会、经济预期目标的影响效果和程度，具体而言是指各项活动目标的实现程度或预期的实现程度，即各项活动在多大程度上高效地、持续地实现了或预期实现其主要目标。效益性衡量的是计划的影响和质量，关心的是目标和结果，即计划是否达到预期目的，是否产生经济效益、社会效益和生态效益。效益不仅衡量直接效益和近期效益，也要衡量间接效益和远期效益。效益标准表示产出最终对实现组织目标的影响程度，换句话说，一般指产出和结果之间的关系，即产出对最终目标实现所作贡献的大小，它对应着绩效评估内容中的效能评估。

(2) 效益性评估指标的选取

效益性指标一般涉及产出与效果之间的关系。水利行业因素的影响决定了水利科技推广计划效益性评估要综合考虑经济效益、社会效益和生态效益。水利科技推广产生的经济效益体现在水利科技成果的生产、应用及转化并形成生产力，为科技成果的持有方和应用方带来直接或间接的经济效益。水利科技推广项目产生的社会效益是指水利科技在保障社会安定和促进社会发展中所起的作用，例如水利科技的推广可以有效治理水污染、解决饮水安全等社会问题。水利科技推广产生的生态效益是十分显著的，如灌溉效益、防洪除涝效果和水土保持效益等。具体指标见表4-4。

表 4-4 效益性维度评估指标

评估维度	一级指标	二级指标
效益性维度	综合效益	经济效益
		社会效益
		生态效益

4.4.4 技术溢出维度评估指标

(1) 技术溢出效应评估的内涵

技术溢出效应是指水利科技成果输出方所带来的一系列优质资源对技术输入方的非自愿扩散或产生的影响，使得技术溢出输出方无法获取全部创新收益而产生的一种经济外部性。水利科技推广通过水利科技推广组织有目的、有计划的活动，为水利科技应用部门提供新技术、新信息，扩大新技术采用率，增加经济效益。水利科技推广的结果表现为水利技术扩散。影响水利技术扩散的因素很多，在水利技术扩散中水利科技推广起着主导作用，没有水利科技推广服务活动，再先进、再高效的技术也不能被公众所认识和接受，更谈不上普及应用。水利科技应用部门是水利技术创新的采用者和实践者，如何有效地将水利技术创新转化为现实生产力成为水利技术扩散研究的中心问题。一个成功的技术扩散体系的构建，需要研究影响技术扩散的因素，需要深刻理解水利科技应用部门技术采用的行为，使水利技术扩散向高效益的方向发展。要评估水利科技在推广过程中的扩散作用，技术溢出效应就是极佳的评估维度。

（2）技术溢出效应评估指标的选取

水利科技推广计划溢出效应从内部技术溢出效应和外部技术溢出效应来分析。

① 内部技术溢出效应

内部技术溢出效应是水利科技推广计划项目之间由于参观访问或工作培训、合作研究、公开发表文献以及各种学术会议和研讨会等，在发展过程中存在技术的模仿或者产品的仿制，促使项目效果在不同流域之间产出。

② 外部技术溢出效应

外部技术溢出效应是指水利科技推广对农业、工业和林业等行业带来的溢出效应。在不考虑项目间的溢出效应情况下，项目主要通过示范和人力资本两种形式对其他产业产生溢出效应。具体指标见表4-5。

表4-5 技术溢出维度评估指标

评估维度	一级指标	二级指标
技术溢出维度	内部溢出效应	流域之间技术溢出效应
		类别之间技术溢出效应
	外部溢出效应	对农业的技术溢出效应

4.4.5 管理绩效维度评估指标

（1）管理绩效评估的内涵

管理绩效不仅表现为保证项目的成效，即使得项目按时、保质、保量地完成，而且表现为在项目进行过程中注重对人员的管理，提高项目小组承接项目的能力，具体来说就是通过时间管理、团队管理和工作关系良好处理，来不断提高小组成员的业务素质，培养协作精神，提高效率，从而提高项目小组的战斗力。管理绩效评价是指对管理工作所进行的评价，评价涉及实施过程指标、管理生产经营指标以及未来效益指标全面、系统的评价分析。通过对这些指标的实施结果进行分析总结，检查项目管理的成败之处；通过分析评价,找出成败的原因,为未来新项目决策和提高项目管理水平提出建议。

(2) 管理绩效评估指标的选取

在水利科技成果推广过程中,影响绩效的因素有很多,主要包括:第一,科技成果本身的因素,如成果的质量、成熟度、适用范围等;第二,科技成果推广转化的环境因素,如经济条件、政策是否支持、人文环境等;第三,科技成果推广的人为因素,如推广工作者的态度、工作技能、情商以及被推广人群的接受程度和科学文化水平等;第四,科技成果推广转化的条件满足程度,如经费是否充足,推广方法是否合适,是否符合被推广人群或地区的要求以及未来发展需要等。这些因素一般是共同作用,且相互影响、相互制约,在评估水利科技推广计划管理绩效时应该考虑这些因素。因此,管理绩效通过推广过程管理、推广成果管理、推广经费支持、推广绩效激励来考量。具体指标见表4-6。

表 4-6　管理绩效维度评估指标

评估维度	一级指标	二级指标
管理绩效维度	推广经费支持	经费充足性
		与预算一致性
		需求契合度
		配套资金支持
	推广绩效激励	绩效管理办法
		绩效考核内容
		绩效奖励
		培训制度
	推广过程管理	示范园区
		质量检验
		推广方式
		沟通流畅性
	推广成果管理	技术标准
		产学研合作
		产业化程度
		科技奖励

水利科技推广计划成效评估具体流程见图4-7。

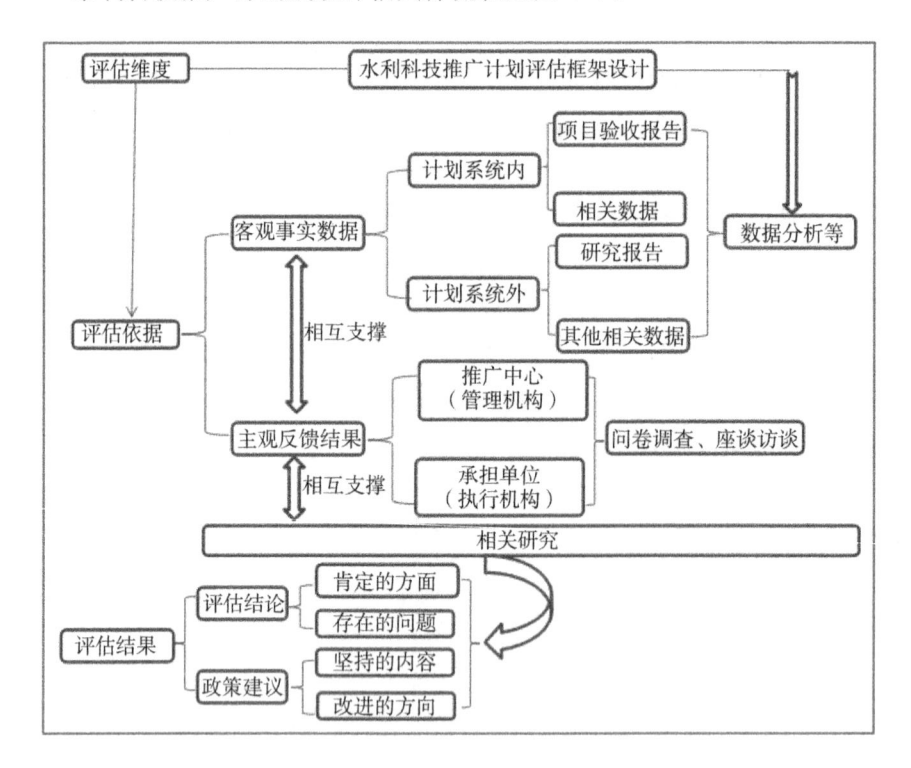

图4-7　水利科技推广计划成效评估具体流程

4.4.6　水利科技推广计划成效评估指标体系

综上，从经济性维度、效率性维度、效益性维度、技术溢出维度和管理绩效维度构建水利科技推广计划成效评估指标体系，见表4-7。

表4-7　水利科技推广计划成效评估指标体系

评估维度	一级指标	二级指标
经济性维度	资金投入强度	水利科技资金投入强度
		国拨推广资金投入强度
		国拨推广资金带动作用
	资金拉动作用	与水利科技产出的相关性
		对水利科技产出的贡献弹性
		对水利科技产出的拉动系数

续表

评估维度	一级指标	二级指标
效率性维度	动态效率	技术效率
		纯技术效率
		规模效率
		技术进步
		全要素生产率
	静态效率	技术效率
		纯技术效率
		规模效率
		技术进步
		全要素生产率
效益性维度	综合效益	经济效益
		社会效益
		生态效益
技术溢出维度	内部溢出	流域之间技术溢出效应
		类别之间技术溢出效应
	外部溢出	对农业的技术溢出效应
管理绩效维度	推广经费支持	经费充足性
		与预算一致性
		需求契合度
		配套资金支持
	推广绩效激励	绩效管理办法
		绩效考核内容
		绩效奖励
		培训制度
	推广过程管理	示范园区
		质量检验
		推广方式
		沟通流畅性
	推广成果管理	技术标准
		产学研合作
		产业化程度
		科技奖励

第 5 章

水利科技推广计划成效经济性评估

经济性是指考虑投入与产出之间的关系和比例,一般可以通过对投入及过程的测定,通过与标准的比较来衡量一项活动是否经济。水利科技推广项目的经济性绩效,应该从国家整体角度来考量,即从国家整体角度对投资项目的经济效益进行分析和评估,测定项目对国民经济的净贡献,从而确定水利科技推广计划项目投资行为的经济合理性,确定科技计划各项活动投入与水利科技发展总体目标的相符程度。

5.1 水利科技推广项目资金投入强度

根据经济性维度评估指标的内涵,水利科技推广项目资金投入强度从水利科技资金、国拨推广资金投入强度及国拨推广资金带动作用两个方面进行分析。

5.1.1 水利科技推广政府公共投资资金投入强度

投入强度是分析投入结构的重要指标,国际上常用R&D经费支出与国家GDP之比表示一国的R&D经费投入强度。类比于R&D经费投入强度,水利科技资金投入强度是指国家水利科技资金占R&D政府资金经费支出比例;国拨推广资金投入强度是指国拨推广资金占国家水利科技资金比例。这些指标在一定程度上反映了政府公共财政在水利科技领域以及水利科技推广领域的支持力度。根据统计资料整理,水利科技推广项目资金投入强度见表5-1。

表 5-1　水利科技推广项目资金投入强度

项目年度序列	政府 R&D 经费(亿元)①	水利科技资金(万元)②	国拨推广资金(万元)③	水利科技资金投入强度②/①(‰)	国拨推广资金投入强度③/②(%)
1	460.6	17756	800	3.85	4.51
2	523.6	19475	800	3.72	4.11
3	645.4	22314	800	3.46	3.59
4	742.1	24987	800	3.37	3.20
5	913.5	27650	800	3.03	2.89
6	1088.89	29800	800	2.74	2.68
7	1358.27	31000	920	2.28	2.97
8	1696.3	43700	4500	2.58	10.30
9	1882.97	58400	4500	3.10	7.71
10	2221.39	50000	4000	2.25	8.00
11	2500.58	42000	4500	1.68	10.71
平均	1275.78	33371.09	2110.91	2.91	5.52

数据来源：中华人民共和国科学技术部网站、水利部科技推广中心。

结合表5-1和图5-1可以看出，水利科技推广项目国家R&D经费投入逐年增加，水利科技资金投入也逐年增加，但从投入强度来看，并未出现同步增长的趋势，水利科技推广资金的投入强度起伏变化比较大，可见"重研究、轻推广"的局面还未得到根本扭转。推广经费不足仍是制约水利公益性成果推广转化的主要因素。

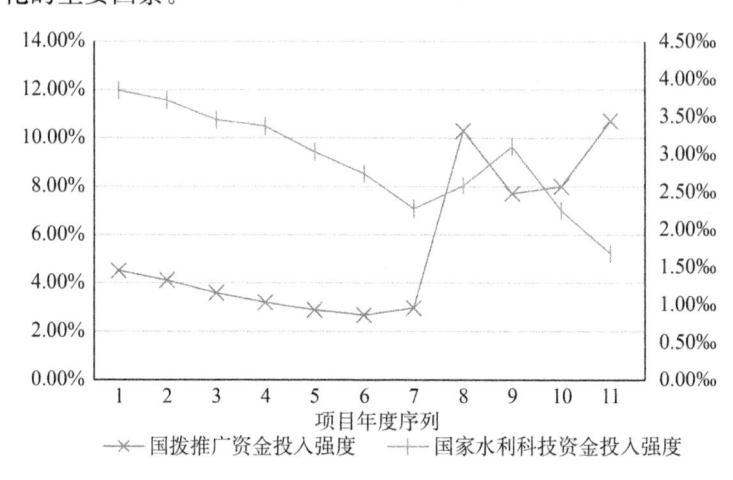

图 5-1　水利科技成果推广资金投入强度分析

5.1.2 政府公共投资资金吸引地方投资强度分析

水利的行业特点和水利科技成果的公益性特征,决定了水利科技推广应以政府资金投入为主导。通过政府资金的引导,带动市场资金的投入,水利科技推广项目的设立也需要以政府公共投资资金为引导资金,积极争取地方、承担单位的多渠道筹资,促进水利科技成果的转化应用。近十几年来,随着水利科技推广项目的实施,各地对水利科技推广工作日益重视,通过水利科技推广项目的实施与引导,全国24个省(市、区)建立了相对稳定的水利科技推广体系。其中,河北、山西、山东、浙江、福建、四川、贵州、湖南等省设立了水利科技推广专项资金,投入规模从几十万元到几百万元不等,初步改善了地方科技成果转化缺乏资金支持的局面。根据水利科技推广项目验收报告,计算出政府投资资金带动地方自筹资金的强度,具体见表5-2。

表5-2 政府公共投资资金吸引地方投资强度分析

项目年度序列	国拨推广资金（万元）	地方自筹推广资金（万元）	资金总和（万元）	国拨资金所占比例（%）	地方自筹推广资金所占比例（%）	自筹与国拨推广资金之比
1	800	843.24	1643.24	48.68	51.32	1.05
2	800	528.40	1328.40	60.22	39.78	0.66
3	800	1154.40	1954.40	40.93	59.07	1.44
4	800	935.00	1735.00	46.11	53.89	1.17
5	800	1054.00	1854.00	43.15	56.85	1.32
6	800	1344.60	2144.60	37.30	62.70	1.68
7	920	1560.00	2480.00	37.10	62.90	1.70
8	4500	1752.70	6252.70	71.97	28.03	0.39
9	4500	1340.43	5840.43	77.05	22.95	0.30
10	4000	1879.60	5879.60	68.03	31.97	0.47
11	4500	1592.30	6092.30	73.86	26.14	0.35
合计	23220	13984.87	37204.87	—	—	—
平均值	2110.91	1271.35	3382.26	54.95	45.05	0.96

结合表5-2和图5-2可以看出,随着国拨资金的投入力度稳定增长,地方及其他资金投入呈现起伏变化状态,自筹资金与国拨推广资金的比例变化较大,政府公共投资资金的杠杆作用并未表现出一定的规律性,这些都说明公益性科技成果的推广需要更多的创新政策去更好地引导政府及其他资金

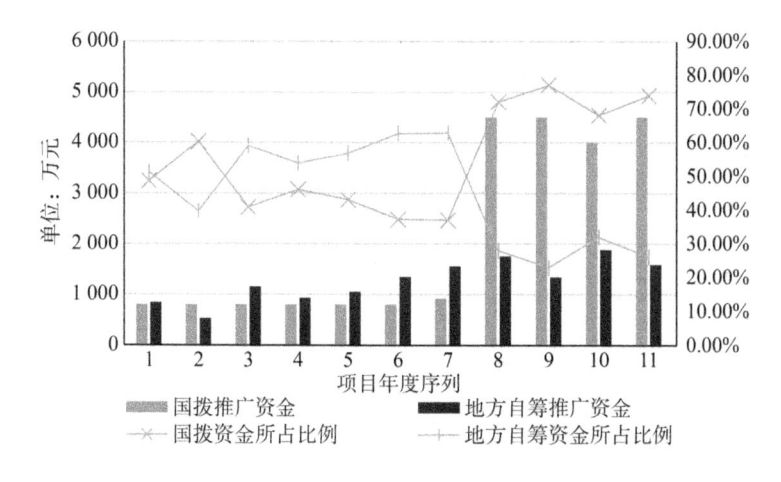

图 5-2 水利科技成果推广资金投入

的投入。

表 5-2 的结果进一步显示，随着政府关于加快水利改革发展的决定出台，各级政府对水利科技成果推广活动日益重视，政府公共投资资金比重明显加大，一直保持在资金比重的 50% 以上。但同期，地方及其他资金投入并未同步增长，从另一方面也可以反映出水利科技成果推广机制还不完善，融资渠道有待进一步拓宽，水利科技成果的示范效应还没有较好显现。

此外，计算结果显示，国拨资金每投入 1 万元，可带动地方及其他资金 1.60 万元，政府公共投资资金的投入对地方性的资金投入有较大的带动作用。

5.2 水利科技推广项目对水利科技产出的拉动绩效分析

根据经济性维度评估指标的内涵，水利科技推广项目投资对水利科技产出的拉动指标，是将水利科技推广项目投资与决定水利科技产出的其他因素联系起来，以反映水利科技推广项目投入的单位变化对水利科技产出指标的影响。借助弹性分析和拉动系数计算方法，测算推广资金对水利科技产出的贡献弹性以及推广资金对水利科技产出的拉动系数。

5.2.1 水利科技推广项目相对产出分析

水利科技推广项目投入占我国水利科技产出的比例，能够反映出在一定的经济发展水平下，水利科技推广项目投入的相对产出能力。选取水利科技推广项目投资占水利科技产出的比例来分析,见表5-3。

表5-3 水利科技推广项目投入占水利科技产出的比例

项目年度序列	水利科技推广资金投入(亿元)①	水利科技产出(亿元)②	①/②(%)
1	0.08	592.14	0.014
2	0.08	639.53	0.013
3	0.08	726.25	0.011
4	0.08	818.62	0.010
5	0.08	922.32	0.009
6	0.08	1015.55	0.008
7	0.09	1071.63	0.009
8	0.45	1892.72	0.024
9	0.45	3656.21	0.012
10	0.40	2509.77	0.016
11	0.45	1753.95	0.026
平均	0.21	1418.06	0.0148

由表5-3可以看出,水利科技推广项目投资整体呈现上升趋势,其间有下降的倾向,这是因为推广资金投入不变,但水利科技产出增长。从推广计划实施中期开始,推广资金投入逐年增加,所占比重也呈现增长趋势。由此可以得出结论,尽管推广资金在增加,国家对水利科技推广较为重视,但是占水利科技产出的比例仍然偏低,需要改变推广方式,提高推广效率。

5.2.2 水利科技推广项目投入与水利科技产出的关系分析

为了分析水利科技推广项目投资的贡献指标,选取水利科技推广项目投资作为自变量,水利科技产出作为因变量,分析水利科技推广项目投资与水利科技产出指标的相关关系。相关系数(采用Spearman相关系数)的计算式为

$$r_{XY} = \frac{\sum_{i=1}^{N}(X_i - \overline{X})(Y_i - \overline{Y})}{\sqrt{\sum_{i=1}^{N}(X_i - \overline{X})^2}\sqrt{\sum_{i=1}^{N}(Y_i - \overline{Y})^2}} \tag{5.1}$$

式(5.1)中,r_{XY}为X与Y样本的相关系数,X_i为X指标的第i个观测值,Y_i为Y指标的第i个观测值,N为样本数,$\overline{X}$为X样本的平均值,$\overline{Y}$为Y样

本的平均值。根据表 5-3 的数据,代入式(5.1)可得水利科技推广投入与水利科技产出的相关系数约为 0.8224,说明水利科技推广项目资金投入对水利科技产出有着重要影响,结果说明水利科技推广投入占水利科技产出的比例小,却对水利科技整体产出影响至关重要。

5.2.3 水利科技推广项目投入的产出弹性分析

弹性是指一个变量相对于另一个变量发生的一定比例的改变的属性。水利科技推广项目投资与水利科技产出的弹性分析是指水利科技推广项目投资的相对变化量与水利科技产出的相对变化量的关系。单位水利科技推广项目投资变化所引起的水利科技产出的变化可用如下弹性系数来表达

$$e_t = \frac{(O_t - O_{t-1})/\frac{(O_t + O_{t-1})}{2}}{(V_t - V_{t-1})/\frac{(V_t + V_{t-1})}{2}} \quad (5.2)$$

e_t 为第 t 时点水利科技推广项目投入对水利科技产出的投入产出弹性系数。将表 5-3 中的数据代入式(5.2)中,可得水利科技计划投入对水利科技产出的投入产出弹性系数,结果见表 5-4。

表 5-4 水利科技推广项目投入对水利科技产出的投入产出弹性系数

项目年度序列	弹性系数	项目年度序列	弹性系数
1	0	7	0.64
2	0.33	8	0.93
3	0.10	9	0.86
4	0.19	10	0.64
5	0.09	11	0.20
6	0.07		
平均			0.368

注:考虑效益滞后性,第一时间点弹性系数设定为 0。

由表 5-4 可知,单位水利科技推广投入的变化对水利科技产出的影响程度在推广计划执行前期处于较低的水平,之后随着水利科技推广资金投入的增加,对水利行业的贡献弹性也逐渐变大,水利科技推广计划执行期间平均贡献弹性为 0.368。

5.2.4 水利科技推广项目投入对水利科技产出增长的拉动力度分析

为了进一步反映水利科技推广项目投资对水利科技产出的拉动作用的大小,引入拉动系数的概念。拉动系数是水利科技产出对拉动变量弹性系数与该变量在水利科技产出中所占份额的比值,计算式如下

$$q = D/S \tag{5.3}$$

式中,D 表示在一定时间范围内水利科技产出对变量的弹性系数;S 表示水利科技推广投入在此时段内占据水利科技产出的平均百分比。拉动系数可以排除弹性系数大小中不同变量份额因素的影响,若 $q>1$,表示该变量在此时段对水利科技产出的拉动作用是积极的,超过了变量在水利科技产出中所占的份额,是高效率的;若 $q<1$,则表示这种拉动作用是消极的,小于变量占据水利科技产出的份额,是低效率的。

将表 5-3 计算的水利科技推广投入占水利科技产出的平均百分比以及表 5-4 计算的平均弹性系数代入式(5.3),可以得出拉动系数为 2.608。拉动系数大于 1,说明水利科技推广投资对水利科技产出的拉动作用是比较大的。

第 6 章

水利科技推广计划成效效益性评估

6.1 R&D 收益率及其测算研究

6.1.1 R&D 收益率

R&D 是获得技术创新的源泉,也是国家生产力水平和竞争力的重要指标之一,因此经济学界非常重视对 R&D 收益率的研究。R&D 收益率分为 R&D 的私人收益率和社会收益率。前者是以企业自身 R&D 份额为解释变量计算得到,后者主要从产业层面上计算企业间技术溢出。最早从事 R&D 收益率研究的是美国哈佛大学的 Griliches,他于 1958 年以杂交玉米和杂交高粱为例,用总收益—总成本法对科研投资及其社会应用的收益率进行了研究。研究表明,年开发杂交玉米的公共投资和私人投资共 200 万美元,获得的社会收益率达 700%。此外,欧美学者在 20 世纪 70 年代对创新收益率的研究显示,创新收益的中值约为 25%,社会收益率约为 56%。我国学者郑有敬也讨论了投资收益的差额法计算 R&D 收益率。用投资收益比值或差额法分析 R&D 收益率的优点是直观、易算,但不能反映动态变化,尤其是不能反映潜在的、累积的 R&D 资本对后期产出的贡献。20 世纪 80 年代,欧美学者采用生产函数模型和计量经济学的方法,从多个角度对 R&D 收益率进行了实证分析,并从中衍生出 R&D 溢出效应、技术流、专利流等新问题,学者们将 R&D 作为特殊资本,研究通过特定的累积方式进入后期投资所带来的收益。

6.1.2 R&D 投资及收益率测算

（1）R&D 投资

R&D 的投资主体是政府、企业或二者联合。政府部门资助的 R&D 具有导向性，一般资助对象为大学、科研机构、企业，资助的项目一般是需要长期稳定投入、经济效益未必快速见效、不确定因素影响大、对其他学科发展起到支撑作用的基础研究。企业中进行的研究与开发一般是在利润最大化的驱动下进行的。企业的 R&D 既是该企业新技术的来源，也是带动该企业跟上行业发展的动力。R&D 活动中创造出的新设计、新发明等，形成 R&D 资本，R&D 资本以实物资本为载体，提高生产中的技术水平及生产效率，形成技术进步推动经济增长的机制。有研究表明，工业化程度高的国家 R&D 投入占据世界比例的几乎全部。1991 年，经济合作与发展组织（OECD）的七大经济国 R&D 经费占比达 92%，高投入带来高产出，国家工业化和科技能力与其 R&D 的投资水平呈强烈正相关。随着科学技术发展及各国对制定科技政策的需要，世界各国和国际组织对科技统计及科技指标日益重视。经济合作与发展组织是最早系统收集科技统计数据的国际组织，主导了科技统计的国际标准化和规范化。1985 年以前，我国的科技统计中没有 R&D 指标。1992 年初，国家统计局首次公布中国 R&D 经费和 R&D/GNP 数据，该数据主要构成为从事 R&D 科研机构、政府所属研究机构、国有大中型工业企业和高等院校。我国科学技术部编制的《中国科技统计数据》，是我国具有重要参考价值的科技基础数据来源。

（2）R&D 收益率测算

R&D 从数学公式上概念清晰，在计算中却存在诸多困难，相关数据的获取和计算差异很大。主要原因在于 R&D 本身的复杂性和不可量化性：一是 R&D 数据界定不清晰，涵盖的内容多样，缺乏统一标准进行严格限定。出于法律、商业、保密等因素考虑，统计主体（如企业）在填报财务和产出数据时，都存在着内部数据不公开和修改的情况，造成原始数据统计不准确。对于产出，也缺少严格的指标限定，产出形式多样，单一指标也难以量化产出的综合效益。二是 R&D 活动的很多内容难以数字化。R&D 活动的边界范围较为模糊，使得 R&D 投入、成本、收益及估测的方法不一致，导致结果差异多样。三是 R&D 溢出范围、大小与制度等因素相关，增加了 R&D 收益率的实际测算难度。四是科技产出是一个长期的过程，影响范围和周期并不是在一定边界条件下戛然而止的,其影响的滞后性和扩散性导致相关数据难以统计。

国内学者针对中国 R&D 收益率的探讨一般采用简化处理,抽取其中较为便捷获取的典型数据,从经济性和特定成果效益入手进行研究。韩祥松、董仁泽对 1986—1990 年中国科技投入及其收益主要通过三个指标进行测算:收益率(或科研生产收益率)=事业收益/事业投入;科研系统内部投入产出率=事业收入/科技投入资金总额;国民经济科技投入收益率=科技进步带来的社会经济效益/科技投入资金。中国社科院刘琦岩在《R&D 收益率与经济增长研究》中根据后藤等人的公式 $\frac{\phi}{\varphi}=\lambda+\rho\frac{R}{Q}$(式中,$\rho$ 是 R&D 资本的边际产出,即 R&D 收益率),构建了 R&D 资本增长和存量模型,对中国 1978—1995 年 R&D 投入的社会收益率进行了估算。

6.2 水利科技推广项目效益性绩效分析

效益性是指水利科技推广项目的结果对实现社会、经济预期目标的影响效果和程度,在项目立项并实施完成后,对照任务规定的指标完成情况取得的经济社会效益,以此评价该项目执行的价值和意义。水利科技推广项目的效益性绩效,在可能的情况下应尽量量化,量化的指标一般以经济效益的方式体现,包括直接和间接经济效益,如减轻水旱灾害带来的潜在价值、节水产生的附加价值等。如不能以量化指标表明,至少也应该作为定性指标列出。此时,对项目效益评价不仅局限在项目完成的时刻,而且也应考虑项目实施的后续影响。因此,对项目进行效益性绩效分析是一项较为复杂的工作,需要进行科学的设计和操作,以此获得具有反馈价值的评价结果。

由于水利科技推广项目的多样性,项目成果的多样性,项目成果产生的经济、社会、生态效益表现形式的多样性,水利科技推广项目产生的经济、社会、生态效益无法进行统一的量的刻画。并且水利科技推广活动在边界上较为模糊,科技投入、成本、收益以及估测的方法口径不一致,无法通过每一个项目实施产生的经济、社会、生态效益综合得出水利科技推广项目的效益。为此,借鉴中国 R&D 收益的研究成果,依据中国社科院刘琦岩在《R&D 收益率与经济增长研究》中研究的中国 R&D 社会平均收益率 37%～360%(中值为 230%)来测算水利科技推广项目产生的经济、社会和生态的综合效益。

(1) 按时间序列的水利科技推广项目收益水平

根据前述按时间序列推广资金投入以及 R&D 社会平均收益率 37%~360%（中值为 230%），按照时间序列测算水利科技推广项目的收益水平，具体见表 6-1。

由表 6-1 可以看出，随着水利科技推广资金的投入增加，收益水平也在逐年增加。本研究主要涉及的项目执行 11 年里，政府公共投资的资金带来的最低收益为 8591.40 万元，最高收益为 83592.00 万元，平均收益为 53406.00 万元；地方及其他资金所带来的最低收益为 9612.73 万元，最高收益为 93529.26 万元，平均收益为 59754.80 万元；政府公共投资资金和自筹资金共带来的最低收益为 18204.13 万元，最高收益为 177121.26 万元，平均收益为 113160.80 万元，可见水利科技推广项目的实施可以给整个社会带来较大的综合收益。

(2) 按项目类别分类的水利科技推广项目收益水平

根据前述按项目类别推广资金投入以及 R&D 社会平均收益率 37%~360%（中值为 230%），按照项目类别测算水利科技推广项目的收益水平，见表 6-2。

由表 6-2 可以看出，水利科技推广资金在农村水利领域投入最多，所以带来的收益水平也最高。农村水利类项目带来的最低收益为 7134.91 万元，最高收益为 69420.71 万元，平均收益为 44352.12 万元；工程建设管理类项目带来的最低收益为 2900.80 万元，最高收益为 28224.00 万元，平均收益为 18032.00 万元；水文与信息化类项目带来的最低收益为 941.17 万元，最高收益为 9157.32 万元，平均收益为 5850.51 万元；水土保持与生态类项目带来的最低收益为 2020.83 万元，最高收益为 19662.12 万元，平均收益为 12561.91 万元；水资源水环境类项目带来的最低收益为 3182.60 万元，最高收益为 30965.83 万元，平均收益为 19783.73 万元；防洪抗旱救灾类项目带来的最低收益为 651.13 万元，最高收益为 6335.28 万元，平均收益为 4047.54 万元；宣传培训类项目带来的最低收益为 671.92 万元，最高收益为 6537.60 万元，平均收益为 4176.80 万元。计算结果显示，农村水利类项目收益最高，之后为水资源水环境类、工程建设管理类、水土保持与生态类，这表明实用性较强的技术在推广应用过程中转化效益大，带来较高的收益水平。

(3) 按流域分类的水利科技推广项目收益水平

根据前述按流域的推广资金投入分析以及 R&D 社会平均收益率 37%~

360%(中值为230%),按照流域测算水利科技推广项目的收益水平,见表6-3。

由表6-3可以看出,长江流域项目带来的最低收益为4254.56万元,最高收益为41395.75万元,平均收益为26447.29万元;黄河流域项目带来的最低收益为3566.02万元,最高收益为34696.44万元,平均收益为22167.17万元;珠江流域项目带来的最低收益为840.91万元,最高收益为8181.83万元,平均收益为5227.28万元;海河流域项目带来的最低收益为1092.61万元,最高收益为10630.80万元,平均收益为6791.90万元;淮河流域项目带来的最低收益为472.34万元,最高收益为4595.76万元,平均收益为2936.18万元;松花江流域项目带来的最低收益为1608.65万元,最高收益为15651.72万元,平均收益为9999.71万元;太湖流域项目带来的最低收益为1826.32万元,最高收益为17769.60万元,平均收益为11352.80万元。

以上社会收益根据社会平均收益率37%~360%(中值为230%)测算,存在一定程度的不准确性。但由于水利科技推广项目作为一项科学研究活动,收益难以衡量,该计算方法也可以在一定程度上反映出科技计划实际的效益,即科技计划给社会带来了比较大的收益。

表 6-1 按时间序列的水利科技推广项目收益水平

单位:万元

项目年度序列	国拨资金	自筹资金	资金总和	最低收益水平(37%) 国拨资金	最低收益水平(37%) 自筹资金	最低收益水平(37%) 合计	最高收益水平(360%) 国拨资金	最高收益水平(360%) 自筹资金	最高收益水平(360%) 合计	平均收益水平(230%) 国拨资金	平均收益水平(230%) 自筹资金	平均收益水平(230%) 合计
1	800	3843.24	4643.24	296.00	1422.00	1718.00	2880.00	13835.66	16715.66	1840.00	8839.45	10679.45
2	800	528.40	1328.40	296.00	195.51	491.51	2880.00	1902.24	4782.24	1840.00	1215.32	3055.32
3	800	1154.40	1954.40	296.00	427.13	723.13	2880.00	4155.84	7035.84	1840.00	2655.12	4495.12
4	800	6635.00	7435.00	296.00	2454.95	2750.95	2880.00	23886.00	26766.00	1840.00	15260.50	17100.50
5	800	3154.20	3954.20	296.00	1167.05	1463.05	2880.00	11355.12	14235.12	1840.00	7254.66	9094.66
6	800	344.60	1144.60	296.00	127.50	423.50	2880.00	1240.56	4120.56	1840.00	792.58	2632.58
7	920	1560.00	2480.00	340.40	577.20	917.60	3312.00	5616.00	8928.00	2116.00	3588.00	5704.00
8	4500	1752.70	6252.70	1665.00	648.50	2313.50	16200.00	6309.72	22509.72	10350.00	4031.21	14381.21
9	4500	1340.43	5840.43	1665.00	495.96	2160.96	16200.00	4825.55	21025.55	10350.00	3082.99	13432.99
10	4000	5052.00	9052.00	1480.00	1869.24	3349.24	14400.00	18187.20	32587.20	9200.00	11619.60	20819.60
11	4500	615.38	5115.38	1665.00	227.69	1892.69	16200.00	2215.37	18415.37	10350.00	1415.37	11765.37
合计	23220	25980.35	49200.35	8591.40	9612.73	18204.13	83592.00	93529.26	177121.26	53406.00	59754.80	113160.80

第6章 水利科技推广计划成效效益性评估

表6-2 按项目类别分类的水利科技推广项目收益水平

单位:万元

类别	国拨资金	自筹资金	资金总计	最低收益水平(37%) 国拨资金	最低收益水平(37%) 自筹资金	最低收益水平(37%) 合计	最高收益水平(360%) 国拨资金	最高收益水平(360%) 自筹资金	最高收益水平(360%) 合计	平均收益水平(230%) 国拨资金	平均收益水平(230%) 自筹资金	平均收益水平(230%) 合计
农村水利	9374.00	9909.53	19283.53	3468.38	3666.53	7134.91	33746.40	35674.31	69420.71	21560.20	22791.92	44352.12
工程建设管理	2792.00	5048.00	7840.00	1033.04	1867.76	2900.80	10051.20	18172.80	28224.00	6421.60	11610.40	18032.00
水文与信息化	1595.00	948.70	2543.70	590.15	351.02	941.17	5742.00	3415.32	9157.32	3668.50	2182.01	5850.51
水土保持与生态	1801.00	3660.70	5461.70	666.37	1354.46	2020.83	6483.60	13178.52	19662.12	4142.30	8419.61	12561.91
水资源水环境	2543.00	6058.62	8601.62	940.91	2241.69	3182.60	9154.80	21811.03	30965.83	5848.90	13934.83	19783.73
防汛抗旱减灾	1455.00	304.80	1759.80	538.35	112.78	651.13	5238.00	1097.28	6335.28	3346.50	701.04	4047.54
宣传培训	1766.00	50.00	1816.00	653.42	18.50	671.92	6357.60	180.00	6537.60	4061.80	115.00	4176.80

表6-3 按流域分类的水利科技推广项目收益水平

单位:万元

类别	国拨资金	自筹资金	资金总计	最低收益水平(37%) 国拨资金	最低收益水平(37%) 自筹资金	最低收益水平(37%) 合计	最高收益水平(360%) 国拨资金	最高收益水平(360%) 自筹资金	最高收益水平(360%) 合计	平均收益水平(230%) 国拨资金	平均收益水平(230%) 自筹资金	平均收益水平(230%) 合计
长江	3637.00	7861.82	11498.82	1345.69	2908.87	4254.56	13093.20	28302.55	41395.75	8365.10	18082.19	26447.29
黄河	4912.00	4725.90	9637.90	1817.44	1748.58	3566.02	17683.20	17013.24	34696.44	11297.60	10869.57	22167.17
珠江	1165.00	1107.73	2272.73	431.05	409.86	840.91	4194.00	3987.83	8181.83	2679.50	2547.78	5227.28
海河	1118.00	1835.00	2953.00	413.66	678.95	1092.61	4024.80	6606.00	10630.80	2571.40	4220.50	6791.90
淮河	410.00	866.60	1276.60	151.70	320.64	472.34	1476.00	3119.76	4595.76	943.00	1993.18	2936.18
松花江	2500.00	1847.70	4347.70	925.00	683.65	1608.65	9000.00	6651.72	15651.72	5750.00	4249.71	9999.71
太湖	150.00	4786.00	4936.00	55.50	1770.82	1826.32	540.00	17229.60	17769.60	345.00	11007.80	11352.80

第 7 章

水利科技推广计划效率性评估

7.1 效率评价的相关概念

7.1.1 效率的概念界定

"效率"一词在经济学理论中是一个应用非常广泛,并且包含众多内涵的用语。《新帕尔格雷夫经济学大辞典(二)》认为效率意味着在资源和技术条件限制下尽可能满足人类需要的运行状况。平狄克和鲁宾费尔德认为效率是消费者和生产者福利总和。萨缪尔森和诺德豪斯认为效率意味着不存在浪费,有效率的经济状态位于其生产可能性边界上。樊纲认为效率就是投入与产出的关系,是现有生产资源与他们所提供的人类满足之间的对比关系。在众多经济理论中,关于效率的理论更多用到的就是帕累托效率。帕累托效率又叫帕累托最优,是意大利经济学家帕累托在经济效率和收入分配的研究中最早提出的。帕累托效率是资源配置的一种状态。它是指存在这样一种情况,在不使任何人的状况恶化的情况下,不可能再使其他人的处境变好。这种状态就是帕累托效率的最优状态。帕累托效率通常也是福利经济学的主要分析工具,因为全社会的生产和消费问题最终都归结到整体福利水平是否提高的问题上。通过对经济学中效率思想的研究,我们认为效率在一般意义上被认为是资源有效配置的最优状态,在这种状态下,市场上的各种资源都得到了最优的利用,各种要素的所有者都获得了最大化的经济收入。在市场经济中,经济活动的效率应该包括宏观和微观两个层面的含义:宏观层面的效率指整个社会的资源得到最合理有效的配置,实现了社会财富的最大化,主要体现在经济总量持续健康快速增长、科技贡献率和优质产品占有相当的比率、经济结构的优化、社会就业率的稳定增长、社会效益和国民素质的提高等方面;微观层面的效率指市场主体有效地组织各种要素,实现了主体收益的最大化,主要表现在企业劳动生产率的提高、经济效益的增加、居民收入的提高、福利的改善、个人的全面发展等方面。

因此,一般情况下我们用以下几个方面来描述效率。第一,效率是用最小的投入获取最大的收益。或者说如果收益给定,那么所谓效率就是成本最小化;如果成本给定,那么所谓效率就是收益最大化。事实上这也是经济学表述"效用最大化"或"利润最大化"时常用的方法。第二,若面对的是一系列给定的成本和收益,那么效率就是设法选择其中差距最大的成本收益组合。

7.1.2 水利科技推广计划的效率

结合效率的概念,水利科技推广计划的效率可以看作计划中投入与产出或成本与收益之间的对比关系。从本质上讲,它是资源的有效配置、市场竞争能力、投入产出能力和可持续发展能力的总称。传统经济学角度定义的效率更倾向于是一个微观的经济概念,如对某个上市公司而言,其效率可以用"除利息、所得税前收入"或者"除利息、所得税、折旧、摊销前收入"来衡量。在市场体系中,企业是投资的主体,企业的投资行为由市场来主导,因此企业或行业的效率可以反映一国资本配置效率的基本情况。同理,水利科技推广计划作为国家科技计划的一部分,虽然其效率在一定程度上受到较多政府意愿的主导,并不是完全的市场行为结果,但是对于水利科技推广计划效率的研究仍然可以反映出我国水利科技成果推广的资本配置效率情况。

水利科技推广计划的效率是衡量水利科技资本在水利产业内部使用效率的有效指标。计划的效率是否合理在一定程度上对于引导水利科技推广投资行为更加科学合理、水利产业利用更加适应需求发挥着关键性的作用。水利科技推广计划效率的优化对于给定资本要素投入下,能够在配置和利用上进一步改进效率,促进产出。如图 7-1 所示,假设在一定的技术水平条件下,现有的水利产业部门内全部可以用于生产 X 和 Y 两种产品,仅有资本要素 K 进行投入,资本要素 K 可以自由流动。PPF 表示为水利产业部门内可能实现的最大潜在生产力。假设 X 和 Y 的价格分别为 p 和 q。过 A 点的切线的斜率刚好等于 p/q。在两种情况下,水利科技推广计划的效率存在优化的空间。第一种是,在生产性边界内的 C 点,意味着要素没有得到充分利用。

在 C 点上选择后的生产能力还可以得到进一步提升。将 C 点推移到 A 点则是水利科技推广计划效率优化的一种。第二种是，B 点同样是与生产可能性边界相切的切点，但 B 点的斜率大于产品价格 p/q 之比，故此也存在优化空间。将 B 点推移到 A 点，同样也是水利科技推广计划效率的优化。W 点在生产可能性边界 PPF 之外，虽然代表的产出和生产能力高于 A 点，但是要素投入是一定的，因此不可能达到 W 点。D 点所在的生产可能性边界 PPF 则是由于要素投入增加、技术条件进步等因素带来的向外移动。A 点向 D 点的移动中，也包含着部分配置效率的优化。

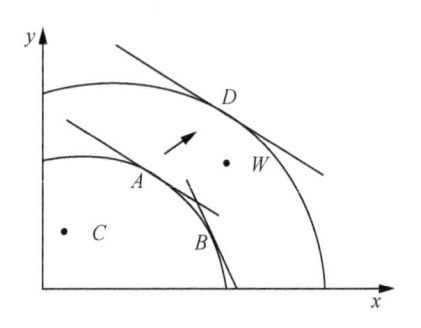

图 7-1　水利科技推广计划的效率优化

7.2　水利科技推广计划效率评价指标体系构建及数据检验

7.2.1　效率评价指标体系构建原则

对水利科技推广计划成效进行评估，需要建立一套完整的、科学的指标体系。指标设置构成了全部定量分析的基础，指标设置恰当与否，直接关系到评价最终结论的准确性。也就是说，建立全面反映水利科技推广计划投入产出方面特征的指标体系是评价的基础，指标体系是对评估的目的、意图和意愿进行定量和定性的科学表达。在构建指标体系时，除应遵守完全性、客观性、简捷性、相对独立性、层次性和可操作性原则外，由于效率评价的特点，还应遵循直接性原则。

对水利科技推广计划效率的评价，应与绩效或能力评价对推广计划业绩效果和能力水平的侧重区别开。水利科技推广计划效率即是实现这种推广计划的效率。直观而言，效率强调的是速度，是相对量比和相对质比，它同时将投入和产出以比值的形式联系在了一起。从某种意义上说,推广计划的效率是推广产出与推广投入的直接求比,反映在效率评价指标上就是倾向于将水利科技推广计划的直接投入与产出作为指标。因此,在确定指标时,应尽可能地收集一切有用的数据,进行认真的分析思考,研究其是否能全面反映水利科技推广计划各个方面的特性。在确定指标的过程中,随着工作的深入发展,还要不断地进行检验、补充和删除等。

7.2.2 水利科技推广计划效率评价指标选择及处理

(1) 水利科技推广计划效率评价指标

① 投入指标

一般情况下用人力、物力和财力三个方面来衡量科技活动的投入。其中,物力是指设备等固定资产类的投入,实践中往往因被财力投入涵盖而较难界定,因此我们借鉴以往学者的研究,仅考虑人力和财力投入的情况。本研究用以下指标衡量水利科技成果推广投入,包括水利科技推广计划项目数、水利科技成果推广国家财政经费、水利科技成果推广地方自筹经费、参与水利科技成果推广人数以及参与水利科技成果推广人员高级职称占比。其中,水利科技推广计划项目是我国启动的国家专项支持计划,每年都有一定数量的水利科技成果通过计划项目实现推广应用产业化;水利科技成果推广的地方自筹经费包括地方政府财政经费投入和地方融资。

② 产出指标

水利科技成果推广活动涉及环节较多,因此产出也较为复杂。根据水利科技成果推广的特征,广义上产出可以从直接、间接两个角度出发来进行分析。直接产出即是水利科技成果推广投入所带来的直接结果;间接产出并不是水利科技成果推广所直接起到的作用,而侧重于推广过程中或推广后由于水利科技进步所带来的外部效益,实际较难量化。本研究更注重推广计划与市场的直接关系,故选用直接产出。

综上,构建指标体系的依据如下:第一,根据效率概念特征,侧重于水利科技推广计划效率的测算,选取直接投入与直接产出作为考核指标;第二,在参考前人对科技计划效率计算指标体系设计应用研究以及在专家咨询的基础上,根据指标构建原则,结合水利科技推广计划实施状况,初步构建出我国水利科技推广计划效率评价指标体系,见表7-1。

表 7-1　水利科技推广计划效率评价指标体系

	指标	单位
投入	水利科技推广计划项目数（X_1）	个
	水利科技成果推广国家财政经费（X_2）	万元
	水利科技成果推广地方自筹经费（X_3）	万元
	参与水利科技成果推广人数（X_4）	人次
	参与水利科技成果推广人员高级职称占比（X_5）	%
产出	水利科技成果推广示范工程数（Y_1）	处
	水利科技成果推广应用辐射面积（Y_2）	万亩
	水利科技成果推广示范区面积（Y_3）	万亩
	水利科技新工艺新装置数（Y_4）	项
	水利科技成果专利数（Y_5）	项
	水利科技成果推广论文数（Y_6）	篇
	水利科技成果推广专著数（Y_7）	部
	水利科技成果推广直接增加产值（Y_8）	万元
	水利科技成果推广销售合同额（Y_9）	万元
	水利科技成果推广节约成本（Y_{10}）	万元
	水利科技成果推广节水量（Y_{11}）	万吨
	水利科技成果推广培训人数（Y_{12}）	人次
	水利科技成果推广活动次数（Y_{13}）	次
	水利科技成果推广培养人才（Y_{14}）	人次

(2) 水利科技推广计划效率评价指标处理

水利科技推广计划周期较长,产出统计具有一定的滞后性,即当年的投入通常在推广活动实施后几年才逐渐显现出产出,因此,在水利科技成果推广投入产出效率计算时需要加以考虑。指标数据处理过程如下:

首先,由于指标的单位不统一,使用"Z-score 标准化法"对指标数据进行标准化处理,使指标之间具有可比性。"Z-score 标准化法"计算公式为 $X' = (X - \mu)/\sigma$,其中,μ 为样本数据均值,σ 为样本数据标准差,X' 为标准化处理后的数据,标准化后得到表 7-2。

其次,由于指标之间可能存在相关性,为使 DEA 方法应用效果更佳,应用主成分分析法进行降维处理,即将多指标转化为几个综合指标。通过这种方式弥补 DEA 缺陷,增加计算结果准确度,并使指标充分满足 DEA 的独立性要求。

表 7-2 标准化后 2003—2013 年水利科技推广计划投入产出数据

项目年度序列		1	2	3	4	5	6	7	8	9	10	11
投入指标	X_1	−0.404	0.727	0.229	−0.933	−1.601	−2.086	−1.355	2.840	2.582	2.620	2.732
	X_2	0.285	2.418	−1.689	0.351	−0.391	−0.960	−0.417	−0.858	1.262	0.758	0.962
	X_3	−1.550	0.579	−0.296	0.195	−0.342	1.282	−0.565	−0.171	0.867	0.671	1.158
	X_4	−0.227	1.885	0.506	0.019	−0.463	−0.584	−0.100	0.826	−1.863	0.536	0.856
	X_5	0.496	0.533	0.474	0.489	0.577	0.553	0.456	0.514	0.490	0.618	0.820
产出指标	Y_1	−0.350	−0.586	−0.570	−0.458	−0.506	−0.549	−0.490	1.911	1.598	1.621	1.538
	Y_2	2.045	−0.484	1.442	−0.500	−0.484	−0.508	−0.509	−0.499	−0.504	−0.321	−0.290
	Y_3	−0.297	−0.583	1.260	−0.497	−0.400	−0.597	−0.592	2.160	−0.454	1.356	0.960
	Y_4	2.254	0.686	−0.523	−0.490	−0.784	−0.784	−0.294	−0.588	0.523	0.603	0.730
	Y_5	−0.375	1.312	−1.024	0.274	−0.764	−1.024	−0.764	1.183	1.183	1.255	0.996
	Y_6	−0.578	2.187	−0.655	−0.390	−0.600	−0.655	−0.523	0.105	1.108	0.827	1.178
	Y_7	−0.610	−0.242	−0.488	−0.457	−0.702	−0.273	−0.457	2.367	0.863	1.211	1.105
	Y_8	−0.385	−0.401	−0.064	−0.348	−0.402	2.652	−0.389	−0.305	−0.358	−0.138	0.285
	Y_9	−0.583	2.302	−0.633	0.282	−0.619	−0.628	−0.298	−0.618	0.796	0.590	0.753
	Y_{10}	−0.574	−0.600	−0.617	−0.542	−0.621	0.224	0.722	2.357	−0.348	1.351	1.035
	Y_{11}	−0.691	−0.775	1.312	−0.093	−0.765	−0.778	−0.778	1.503	1.066	1.209	1.288
	Y_{12}	−0.601	2.483	−0.408	−0.444	−0.662	−0.329	−0.599	0.128	0.433	0.624	0.734
	Y_{13}	−0.519	−0.312	−0.283	−0.593	−0.386	−0.593	−0.431	0.649	2.468	0.850	1.457
	Y_{14}	−0.499	−0.499	−0.484	−0.499	−0.499	−0.499	−0.455	1.257	2.176	1.328	1.472

① 投入指标主成分提取

通过共同度分析、KMO 值与 Bartlett 球度检验对投入指标进行初步分析,判断投入指标是否适合进行主成分分析。代入投入变量数据,解得投入指标的相关系数矩阵,共同度分析显示,原有 5 个投入指标的共同度均为 1,即所有方差都可以被解释,大多数投入指标的共同度均较高,说明丢失信息较少,提取的主成分能够反映投入指标的大部分信息。投入指标的 KMO 值为 0.819,大于 0.7,其中 Bartlett 检验值为 0.000,小于 0.05,结合共同度的分析结果,认为投入指标满足主成分分析的适应性检验要求。

进一步计算投入指标的各主成分特征值、方差贡献率值,结果详见表 7-3。分析结果表明,提取 IF_1、IF_2 共两个主成分,其特征值分别为 3.011、1.151,方差贡献率分别为 61.007%、23.631%。

表 7-3 投入指标总方差分解表

单元	特征值			方差贡献率		
	总量	百分比	累计值	总量	百分比	累计值
1	3.011	61.007	61.007	3.01	61.007	61.007
2	1.151	23.631	83.738	1.15	23.631	84.638
3	0.767	14.113	97.771			
4	0.056	1.116	99.888			
5	0.006	0.112	100.000			

另外,初始因子载荷矩阵反映提取的两个成分与原始变量间的相关程度,见表 7-4。

表 7-4 投入指标初始因子载荷矩阵

	单元	
	1	2
X_1	0.987	−0.048
X_2	0.976	−0.089
X_3	−0.281	−0.637
X_4	0.996	0.038
X_5	−0.115	0.825

根据主成分的系数矩阵与其初始因子载荷矩阵之间的关系,可计算出特征值所对应的系数矩阵,见表 7-5。

表 7-5 投入指标主成分的特征值对应的正交标准化特征向量

	单元	
	1	2
X_1	0.573	−0.024
X_2	0.569	−0.078
X_3	−0.036	0.744
X_4	0.575	0.182
X_5	−0.195	0.847

最后,得到主成分的表达式如下:

$IF_1 = 0.573X_1 + 0.569X_2 - 0.036X_3 + 0.575X_4 - 0.195X_5$

$IF_2 = -0.024X_1 - 0.078X_2 + 0.744X_3 + 0.182X_4 + 0.847X_5$

② 产出指标主成分的提取

同样进行适应性检验,产出指标的共同度分析结果显示,大多数产出指标的共同度较高(除了 Y_4、Y_8、Y_{10}、Y_{11} 之外),说明主成分分析的效果较好。产出指标的 KMO 值为 0.812,大于 0.7,Bartlett 球度检验概率值为 0.000,小于 0.05,同样结合共同度的分析,认为产出指标满足主成分分析的适应性检验要求。

进一步计算产出指标的各主成分特征值、方差贡献率值,结果详见表 7-6。分析提取 OF_1、OF_2、OF_3、OF_4 共四个主成分,特征值分别为 5.782、3.659、1.861 和 1.075,它们的方差贡献率分别为 42.033%、27.100%、14.383% 和 8.562%,累计方差贡献率达到了 92.078%,大于 85%。

表 7-6 产出指标总方差分解表

单元	特征值			方差贡献率		
	总量	百分比	累计值	总量	百分比	累计值
1	5.782	42.033	42.033	5.782	42.033	42.033
2	3.659	27.100	69.133	3.659	27.100	69.133
3	1.861	14.383	83.516	1.861	14.383	83.516
4	1.075	8.562	92.078	1.075	8.562	92.078
5	0.767	3.728	93.806			
6	0.691	2.937	98.743			
7	0.119	0.848	99.591			
8	0.057	0.409	100.000			

续表

单元	特征值			方差贡献率		
	总量	百分比	累计值	总量	百分比	累计值
9	6.000E−16	4.285E−15	100.000			
10	3.346E−16	2.390E−15	100.000			
11	1.286E−16	9.185E−16	100.000			
12	−1.259E−17	−8.993E−17	100.000			
13	−7.115E−17	−5.082E−16	100.000			
14	−5.516E−16	−3.940E−15	100.000			

最后计算主成分的得分，初始因子载荷矩阵结构见表7-7，故提取四个主成分。根据主成分的系数矩阵与其初始因子载荷矩阵之间的关系，可计算出特征值所对应的系数矩阵，见表7-8。

表7-7 产出指标初始因子载荷矩阵

	单元			
	1	2	3	4
Y_1	0.923	−0.295	0.067	−0.183
Y_2	0.901	−0.152	−0.534	0.143
Y_3	0.902	−0.642	0.202	0.342
Y_4	0.015	0.468	−0.112	−0.101
Y_5	0.853	0.91	0.011	0.122
Y_6	0.605	0.767	−0.07	0.123
Y_7	−0.352	0.763	−0.099	0.12
Y_8	−0.304	−0.225	0.865	−0.197
Y_9	0.343	0.433	0.732	0.111
Y_{10}	0.516	−0.566	−0.318	0.289
Y_{11}	0.696	−0.471	0.265	0.085
Y_{12}	0.46	−0.347	−0.146	0.536
Y_{13}	0.828	0.011	0.136	−0.508
Y_{14}	0.47	−0.141	0.077	−0.399

表 7-8　产出指标主成分的特征值对应的正交标准化特征向量

	单元			
	1	2	3	4
Y_1	0.400	−0.284	0.190	−0.413
Y_2	0.395	−0.204	−0.536	0.365
Y_3	0.395	−0.419	0.329	0.564
Y_4	0.051	0.358	−0.245	−0.307
Y_5	0.384	0.499	0.077	0.337
Y_6	0.323	0.458	−0.194	0.338
Y_7	−0.247	0.457	−0.231	0.334
Y_8	−0.229	−0.248	0.682	−0.428
Y_9	0.244	0.344	0.627	0.321
Y_{10}	0.299	−0.393	−0.413	0.518
Y_{11}	0.347	−0.359	0.377	0.281
Y_{12}	0.282	−0.308	−0.280	0.706
Y_{13}	0.378	0.055	0.270	0.687
Y_{14}	0.285	−0.196	0.203	0.609

按表 7-8 可得四个主成分的表达式如下：

$OF_1 = 0.400Y_1 + 0.395Y_2 + 0.395Y_3 + 0.051Y_4 + 0.384Y_5 + 0.323Y_6 - 0.247Y_7 - 0.229Y_8 + 0.244Y_9 + 0.299Y_{10} + 0.347Y_{11} + 0.282Y_{12} + 0.378Y_{13} + 0.285Y_{14}$

$OF_2 = -0.284Y_1 - 0.204Y_2 - 0.419Y_3 + 0.358Y_4 + 0.499Y_5 + 0.458Y_6 + 0.457Y_7 - 0.248Y_8 + 0.344Y_9 - 0.393Y_{10} - 0.359Y_{11} - 0.308Y_{12} + 0.055Y_{13} - 0.196Y_{14}$

$OF_3 = 0.190Y_1 - 0.536Y_2 + 0.329Y_3 - 0.245Y_4 + 0.077Y_5 - 0.194Y_6 - 0.231Y_7 + 0.682Y_8 + 0.627Y_9 - 0.413Y_{10} + 0.377Y_{11} - 0.280Y_{12} + 0.270Y_{13} + 0.203Y_{14}$

$OF_4 = -0.413Y_1 + 0.365Y_2 + 0.564Y_3 - 0.307Y_4 + 0.337Y_5 + 0.338Y_6 + 0.334Y_7 - 0.428Y_8 + 0.321Y_9 + 0.518Y_{10} + 0.281Y_{11} + 0.706Y_{12} + 0.687Y_{13} + 0.609Y_{14}$

（3）处理后的指标体系与数据

结合上述分析，通过主成分分析法提取得到进一步的投资效率指标，见表 7-9。

表 7-9 处理后水利科技推广计划效率指标体系

			指标
投入	国家政府投入	IF$_1$	水利科技推广计划项目数 （X$_1$）
			水利科技成果推广国家财政经费 （X$_2$）
			参与水利科技成果推广人数 （X$_4$）
	地方自筹投入	IF$_2$	水利科技成果推广地方自筹经费 （X$_3$）
			参与水利科技成果推广人员高级职称占比（X$_5$）
产出	推广示范产出	OF$_1$	水利科技成果推广示范工程数 （Y$_1$）
			水利科技成果推广应用辐射面积 （Y$_2$）
			水利科技成果推广示范区面积 （Y$_3$）
	科研成果产出	OF$_2$	水利科技成果专利数 （Y$_5$）
			水利科技成果推广论文数 （Y$_6$）
			水利科技成果推广专著数 （Y$_7$）
	直接经济产出	OF$_3$	水利科技成果推广直接增加产值 （Y$_8$）
			水利科技成果推广销售合同额 （Y$_9$）
	宣传培训产出	OF$_4$	水利科技成果推广培训人数 （Y$_{12}$）
			水利科技成果推广活动次数 （Y$_{13}$）
			水利科技成果推广培养人才 （Y$_{14}$）

其中，投入指标主成分提取后综合为两个指标：IF$_1$ 反映的是水利科技推广计划项目数（X$_1$）、水利科技成果推广国家财政经费（X$_2$）、参与水利科技成果推广人数（X$_4$）的信息，故将其定义为国家投入因素；IF$_2$ 反映的是水利科技成果推广地方自筹经费（X$_3$）、参与水利科技成果推广人员高级职称占比（X$_5$）的信息，故将其定义为地方投入因素。产出指标处理后分为四个：OF$_1$ 表示推广示范产出，反映的是水利科技成果推广示范工程数（Y$_1$）、水利科技成果推广应用辐射面积（Y$_2$）、水利科技成果推广示范区面积（Y$_3$）的信息；OF$_2$ 表示科研成果产出，反映的是水利科技成果专利数（Y$_5$）、水利科技成果推广论文数（Y$_6$）、水利科技成果推广专著数（Y$_7$）的信息；OF$_3$ 表示直接经济产出，反映的是水利科技成果推广直接增加产值（Y$_8$）、水利科技成果推广销售合同额（Y$_9$）的信息；OF$_4$ 表示宣传培训产出，反映的是水利科技成果推广培训人数（Y$_{12}$）、水利科技成果推广活动次数（Y$_{13}$）、水利科技成果推广培养人才（Y$_{14}$）的信息。最后，将标准化后的原始数据代入主成分分析法得出投入、产出指标的主成分表达式，即得到处理后的数据，见表 7-10。

表 7-10 处理后投入-产出数据表

项目年度序列	投入 IF$_1$	投入 IF$_2$	产出 OF$_1$	产出 OF$_2$	产出 OF$_3$	产出 OF$_4$
1	0.170	0.384	0.407	0.431	0.100	0.492
2	0.261	0.881	0.613	0.998	0.775	0.998
3	0.213	0.510	0.522	0.094	0.498	0.667
4	0.151	0.100	0.310	0.449	0.653	0.551
5	0.126	0.876	0.188	0.251	0.483	0.435
6	0.100	0.998	0.100	0.100	0.998	0.406
7	0.255	0.380	0.233	0.244	0.412	0.522
8	0.998	0.653	0.998	0.127	0.537	0.744
9	0.814	0.558	0.951	0.691	0.866	0.100
10	0.661	0.502	0.967	0.346	0.556	0.481
11	0.736	0.694	0.973	0.418	0.642	0.509

7.3 按时间序列的水利科技推广计划效率测算结果及分析

7.3.1 按时间序列的 DEA 有效性分析

基于 CCR 模型,使用处理后的投入主成分指标和产出主成分指标的数据,运用 DEA 软件,按时间序列对我国水利科技推广计划项目效率进行分析,结果见表 7-11。

表 7-11 水利科技推广计划的 DEA 效率

项目年度序列	技术效率(TE)	纯技术效率(PE)	规模效率(SE)
1	1.000	1.000	1.000
2	1.000	1.000	1.000
3	1.000	1.000	1.000
4	1.000	1.000	1.000
5	0.877	0.970	0.905
6	1.000	1.000	1.000
7	0.554	0.567	0.977
8	0.492	1.000	0.492

续表

项目年度序列	技术效率(TE)	纯技术效率(PE)	规模效率(SE)
9	0.568	1.000	0.568
10	1.000	1.000	1.000
11	1.000	1.000	1.000
均值	0.863	0.958	0.904

(1) 总体有效性分析

从计算结果看,TE算术平均值为0.863,说明技术成本中有13.7%的投入没得到利用,大多数年份有很大的改善空间。其中DEA总体有效,即TE=1的年份有7个,这7年都处于有效前沿面上,属于DEA有效的决策单元;其他4个年份的TE值都小于1,表示这些年份DEA无效;TE值最小是0.492,说明对应投入产出效率最低。推广计划的平均效率为86.3%,其中有3年的效率值低于60%,这3年间推广计划均获得科技资源的大量投入,造成无效的主要原因是资源配置存在明显的不合理性。推广计划的效率值在0.8以上为弱有效,说明只要在投入产出方面稍作调整即可达到效率值为1。其他年份应该在此基础上优化科技资源配置或者同时调整投入产出两方面的指标,才能有效提高推广计划的效率水平。

(2) 纯技术效率分析

纯技术效率(PE)表示在同一规模即规模效率不变时,给定投入所能得到的最大产出。根据表7-11的结果,纯技术有效,即PE=1的年份有9个,仅有两个年份处于纯技术效率无效状态。整体纯技术效率的平均值为0.958,表明剔除规模无效率因素后,有4.2%的投入资源因为管理不当而被浪费了。大部分纯技术无效的年份的效率值都大于0.8,说明效率较高,但是仍存在提高和改善的空间。而从纯技术效率上看,平均水平为95.8%,说明推广计划项目在既定的科技资金和人员投入上的科技成果和经济效益产出的效率较高。这表明,推广计划项目能够显著地发挥其在技术上的优势。对科技成果需求方来说,借助于推广计划的力量,降低了研发成本,增强了研发力量,有效地配置了研发资源;对于科技成果供给方来说,真正地把理论和科技成果转化为生产力,产生了实实在在的经济社会效益。

(3) 规模效率分析

由表7-11可知,规模效率有效,即SE=1的年份有7个,SE小于1的年份有4个,说明在这些年份里部分投入没有得到充分利用,资源配置效果不佳。整体的平均规模效率为 0.904,即表示存在 9.6% 的投入资源浪费,其中将管理因素去除后,有 11.8% 的部分是由规模无效造成的。其中,有 7 年的规模效率为 1,处于规模报酬不变状态,意味着在此投入下,科技产出已经达到最大规模点。

7.3.2 按时间序列的规模有效性分析

基于 DEA 的 CCR 模型和 BCC 模型,运用 DEA 软件,对项目时间序列的规模收益进行分析,判断 DUM 是处于规模递增、递减还是规模不变的状态。根据实证结果,分析规模的状态,为构建金融支持模式提供依据。

由表 7-12 可知,第 1、2、3、4、6、10、11 属于规模收益不变即规模有效的年份,表示项目已经达到最大产出规模点;第 5、7 年规模效益递增,也就是如果在这些年份增加投入量,会带来更大比例产出的增加,因此,继续加强科技投入和管理力度,可以提高产出效率;第 8、9 年规模收益递减,即这一时段内即便投入增加,也不会带来产出增加,这种情况下无需继续增加投入。

表 7-12　水利科技推广计划规模有效性及冗余

项目时间序列	规模收益	投入冗余额		产出不足额			
		S_1^-	S_2^-	S_1^+	S_2^+	S_3^+	S_4^+
1	不变	0	0	0	0	0	0
2	不变	0	0	0	0	0	0
3	不变	0	0	0	0	0	0
4	不变	0	0	0	0	0	0
5	递增	0.004	0.268	0.003	0	0	0.336
6	不变	0	0	0	0	0	0
7	递增	0.110	0.165	0.050	0.159	0.286	0.010
8	递减	0	0	0	0	0	0
9	递减	0	0	0	0	0	0
10	不变	0	0	0	0	0	0
11	不变	0	0	0	0	0	0

针对具体非规模有效的年份而言,分析造成其投入产出效率低下的原因,有助于采取相应的措施,为下一步改进提供方向、明确程度。以第 8 年为例,从投入指标看,S_1^-、S_2^- 分别存在 0.004 和 0.268 冗余,表明当年的国家投入与地方投入均存在过剩情况,即现有产出水平下投入过剩。这里的投入

过剩不是数量上的绝对过剩,而主要是投入结构不合理造成的资源的相对冗余。从产出指标来看,S_1^+、S_4^+分别存在0.003和0.336不足,表明当年的推广示范产出和宣传培训产出存在不足,说明若进行有针对性的调整,推广计划的效率增长还有极大的提升空间。

7.3.3　按时间序列的DEA效率影响分析

结合表7-11和表7-12,从投入产出冗余角度分析影响水利科技推广计划项目效率水平的因素,可以分为以下三类。

(1) 总体有效年份

从表中可以看出,TE值为1,且$S_1^-=0$,$S_2^-=0$,$S_1^+=0$,$S_2^+=0$,$S_3^+=0$,$S_4^+=0$,共有7个年份,说明这7年项目实施总体有效,不仅规模有效而且技术也是有效的,即当时的投入产出相对稳定,且它的投入产出规模收益不变,即每增加一单位的投入,产出也增加一个单位,投入产出达到最优。其他4年的TE值均小于1,说明这些年的投入与产出未能相互匹配,存在投入浪费、产出不足情况。

(2) 总体无效且存在投入产出冗余

第5、7年属于总体无效且存在投入产出冗余的年份。第5年的TE值为0.877,说明有12.3%的投入资源被浪费,未能产生相应的产出。PE值为0.970,说明未能以较有效率的方式生产,在不考虑规模因素的条件下,有3%的投入资源被虚耗。SE值为0.905,说明有9.5%的投入资源浪费是由规模无效率造成的。在递增的规模收益情况下,如果在原有投入基础上适当增加投入量,产出量将有更大比例的增加。其投入指标的第一、二个主成分的冗余额分别为0.004和0.268,说明当年国家投入相对利用较好,但地方投入未得到充分利用。其产出指标第一个主成分的不足额为0.003,第二和第三个主成分的不足额为0,第四个主成分的不足额为0.336,说明当年科技成果与直接经济产出水平较强,宣传培训力度较差,推广示范工作也不到位。

项目第7年,TE值为0.554,是总体有效性较差的一年,44.6%的投入资源未得到有效利用。不考虑规模因素,有43.3%的投入资源浪费是由项目管理等因素造成的,而其中仅有2.3%的投入资源因规模不合理被虚耗,说明第7年有效性较差主要是纯技术无效造成的,即水利科技推广计划项目的管理和技术是影响项目效率的主要原因。第7年的规模收益是递增的,从投入冗余额上看,国家和地方的投入均有冗余,说明可能存在投入过剩、现金闲置等问题。另外,在产出不足方面,四个产出主成分均存在不足额,其中直接经济产出不足额最大。

(3) 总体无效但不存在投入产出冗余

第 8、9 年属于总体无效但不存在投入产出冗余的年份。第 8 年的 TE 值仅为 0.492,是总体有效性最差的一年,纯技术效率为 1 且不存在投入产出冗余。说明对这一年技术效率而言总体效率无效,50.8% 的投入资源浪费是规模不合理造成的。另外,规模收益呈递减趋势,即增加投入量不会带来更多的产出,说明这一年的水利科技推广计划项目应适当控制并合理规划其规模。

第 9 年的 TE 值为 0.568,较第 8 年有所提高,但仍有大量投入资源被浪费,由于不存在冗余,因此无效的主要原因同样是规模无效,其在规模收益上也是递减的。说明其项目管理和技术水平相对合理,资源的浪费主要是规模与投入产出不匹配造成的,可能原因是第 8 年后水利科技成果推广投入陡然增加,但实际并未做好将投入充分应用的准备,致使投入所带来的产出不高,投资效率偏低。

7.4 按成果类别的水利科技推广计划效率测算结果及分析

7.4.1 按成果类别的 DEA 有效性分析

从水利科技成果类别角度对推广计划项目的效率进行测算,应用 CCR 模型,整理得到表 7-13。

表 7-13 水利科技推广计划 DEA 有效成果类别及比重

项目年度序列	DEA 有效区域	有效比重
1	农村水利、工程建设管理、水文与信息化、水土保持与生态	57.14%(>50%)
2	农村水利、水文与信息化、水土保持与生态、宣传培训	57.14%(>50%)
3	农村水利、水文与信息化、水土保持与生态、防汛抗旱减灾、宣传培训	71.43%(>50%)
4	农村水利、工程建设管理、水土保持与生态、水资源水环境、宣传培训	71.43%(>50%)
5	农村水利、工程建设管理、水土保持与生态	42.86%(<50%)
6	农村水利、工程建设管理、水文与信息化、防汛抗旱减灾、宣传培训	71.43%(>50%)

续表

项目年度序列	DEA 有效区域	有效比重
7	农村水利、工程建设管理、宣传培训	42.86%（<50%）
8	农村水利、水土保持与生态、水资源水环境	42.86%（<50%）
9	农村水利、工程建设管理、水资源水环境	42.86%（<50%）
10	农村水利、工程建设管理、水土保持与生态、水资源水环境	57.24%（>50%）
11	农村水利、工程建设管理、水文与信息化、水土保持与生态、防汛抗旱减灾	71.43%（>50%）

可以看出同一时期，我国不同类别的水利科技推广计划效率存在很大的差异，大部分水利科技成果推广项目非有效，以致我国历年来总体的水利科技推广计划效率未达到有效状态。以第1年为例，农村水利类、工程建设管理类、水文与信息化类和水土保持与生态类四个类别的水利科技成果推广项目处于有效状态，说明这些类别的水利科技成果推广项目达到最优投入产出的配置，而其他三类的科技投入产出处于无效状态。

7.4.2 按成果类别的 DEA 超效率排序

同一时期内多个不同类别的水利科技成果推广项目的 DEA 效率均为1，这样就不能对它们之间的投资效率高低进行比较。本研究应用超效率模型对水利科技成果推广项目投资效率进行排序，见表7-14。在超效率模型中对于无效率的决策单元而言，其效率值与前述基本模型一致；而对于有效率的决策单元，则效率值会大于等于1。例如，效率值为1.5，表示该决策单元即使再等比例地增加50%的投入，它在整个决策单元样本集合中仍能保持相对有效。

从表7-14可以看出在计划执行期间，七类水利科技推广计划项目投资效率变动存在较大的差异，体现在投资效率变动方向与变动大小方面。农村水利类、工程建设管理类、水文与信息化类等类别的投资效率总体表现出增长态势，但其增长率各不相同。就各年的效率排序而言，以第1年为例，DEA 有效区域根据其效率大小依次为农村水利类、工程建设管理类和水文与信息化类，即这一年农村水利类水利科技推广计划项目效率水平处于全国第一位。自水利科技计划执行以来，农村水利类的效率始终高居第一，其余类别项目的效率均存在较大变动。这主要是由于国家一贯重视农业，使得水利涉农科技成果具有较好的推广基础、较广的市场需求和成熟的成果供给，农村水利类项目在推广的投入产出两方面都具有绝对优势，故具有较高的效率。

第7章 水利科技推广计划效率性评估

表7-14 水利科技推广计划不同成果类型的超效率与排序

项目年度序列	农村水利 效率	农村水利 排序	工程建设管理 效率	工程建设管理 排序	水文与信息化 效率	水文与信息化 排序	水土保持与生态 效率	水土保持与生态 排序	水资源水环境 效率	水资源水环境 排序	防汛抗旱减灾 效率	防汛抗旱减灾 排序	宣传培训 效率	宣传培训 排序
1	1.213	1	1.182	2	1.029	3	1.006	4	0.741	5	—	—	0.479	6
2	1.342	1	0.775	7	1.252	2	1.237	3	—	—	0.513	—	1.074	4
3	1.461	1	—	—	1.162	2	1.014	3	—	—	1.006	5	1.017	3
4	1.407	1	1.009	5	0.651	6	1.086	3	1.022	4	0.589	4	1.093	2
5	1.333	1	1.307	2	0.679	5	1.209	3	—	—	0.985	—	—	—
6	1.398	1	1.186	2	1.114	4	—	—	—	—	1.127	3	1.112	4
7	1.346	1	1.172	3	0.868	5	0.987	4	0.648	6	0.627	7	1.243	2
8	1.645	1	0.998	4	0.898	5	1.437	2	1.422	3	0.992	4	0.996	4
9	1.541	1	1.369	2	0.981	4	0.844	7	1.366	2	0.977	5	0.916	6
10	1.667	1	1.383	2	—	—	1.267	4	1.375	3	—	—	0.988	5
11	1.711	1	1.393	2	1.314	4	1.396	2	—	—	1.186	5	0.976	6

107

7.4.3 按成果类别的 Malmquist 效率分解

表 7-15 是应用 Malmquist 指数模型进行分析得出的结果,体现了纯技术效率和规模效率的变化双重影响了技术效率变动,技术效率与技术进步的变化会影响全要素生产率的变化。表中值大于 1 即表示该类别项目在 $t+1$ 年的效率相较于 t 年有所增长;小于 1 则反之;无值部分是该年没有某一类别的项目,因此无法与上一年或下一年进行比较。

表 7-15 按成果类别的 Malmquist 指数模型计算结果

项目年度序列	类别	农村水利	工程建设管理	水文与信息化	水土保持与生态	水资源水环境	防汛抗旱减灾	宣传培训
第2年/第1年	TFP	1.106	0.955	1.116	1.029	—	—	1.042
	TE	1.009	1.028	1.011	1.021	—	—	1.030
	TP	1.096	0.929	1.104	1.008	—	—	1.012
第3年/第2年	TFP	1.118	—	0.981	0.819	—	1.110	0.946
	TE	1.079	—	0.960	0.928	—	1.035	0.922
	TP	1.036	—	1.022	0.883	—	1.072	1.026
第4年/第3年	TFP	0.973	—	0.962	1.071	—	0.985	1.074
	TE	1.012	—	0.952	1.023	—	0.942	1.021
	TP	0.961	—	1.010	1.047	—	1.046	1.052
第5年/第4年	TFP	0.955	1.093	1.043	1.112	—	1.072	—
	TE	0.946	1.035	1.012	1.081	—	1.053	—
	TP	1.009	1.056	1.031	1.029	—	1.018	—
第6年/第5年	TFP	1.048	0.904	1.164	—	—	1.116	—
	TE	1.009	1.002	1.118	—	—	1.029	—
	TP	1.039	0.902	1.041	—	—	1.085	—
第7年/第6年	TFP	0.968	0.981	0.879	—	—	0.956	1.117
	TE	1.018	1.022	0.916	—	—	1.012	1.100
	TP	0.951	0.960	0.960	—	—	0.945	1.015
第8年/第7年	TFP	1.121	1.039	1.045	1.059	1.194	1.221	0.908
	TE	1.090	1.012	1.041	1.049	1.060	1.096	1.016
	TP	1.028	1.027	1.004	1.010	1.126	1.114	0.894

续表

项目年度序列	类别	农村水利	工程建设管理	水文与信息化	水土保持与生态	水资源水环境	防汛抗旱减灾	宣传培训
第9年/第8年	TFP	0.936	1.113	1.015	0.983	0.960	1.146	0.913
	TE	0.930	1.093	1.014	1.022	1.012	1.030	1.026
	TP	1.006	1.018	1.001	0.962	0.949	1.113	0.890
第10年/第9年	TFP	1.081	1.012	—	1.111	1.006	—	1.078
	TE	1.064	1.010	—	1.077	1.005	—	1.085
	TP	1.016	1.002	—	1.032	1.001	—	0.994
第11年/第10年	TFP	1.023	1.007	—	1.108	—	—	0.988
	TE	1.014	1.008	—	1.097	—	—	1.103
	TP	1.009	0.999	—	1.010	—	—	0.896

由表7-15可以看出,农村水利类项目的全要素效率呈现出不同比例的增长趋势;水文与信息化类项目的全要素效率总体呈增长趋势,在两个时间段呈下降趋势。综上,项目执行十余年间,我国水利科技成果推广效率存在很大的变动,处于下降与上升来回交替的过程,整体上只表现为较小幅度的上升态势。

进一步对表7-15进行整理,得到表7-16。从Malmquist指数平均分解效率的变化看,农村水利类、工程建设管理类、水土保持与生态类项目的效率主要来自技术进步;水资源水环境类项目的效率同时受到技术进步与技术效率变动的影响;宣传培训、水文与信息化类项目的效率主要受到技术效率变动的影响;防汛抗旱减灾类项目的效率主要受到规模效率变动的影响。上述发展结果是我国技术进步与科技资源配置体制矛盾运动的外在表现。在技术创新与体制创新的矛盾运动中,技术创新虽然有波动,却呈持续上升的态势,而科技资源配置体制的变化则有明显的周期性特征,即体制改革跃上一个台阶后,在一段时间内相对稳定,使技术进步的能量得到充分释放,技术进步对科技创新效率的贡献增大。技术进步发展到一定程度,原有的资源配置体制的束缚效应逐步显现,技术进步对科技创新效率的贡献趋于减少,从客观上要求实施力度更大的体制和机制创新。总的来说,水利科技推广计划执行期间,技术进步与技术效率变动共同作用于水利科技推广计划的效率,其中技术进步具有更大影响力。

表 7-16　按成果类别的 Malmquist 指数平均分解效率

DMU	技术效率(TE)	技术进步(TP)	纯技术效率(PE)	规模效率(SE)	全要素生产率(TFP)
农村水利	1.017	1.015	1.016	1.001	1.032
工程建设管理	1.026	0.987	1.002	1.025	1.013
水文与信息化	1.003	1.022	1.006	0.997	1.025
水土保持与生态	1.037	0.998	1.042	0.994	1.035
水资源水环境	1.026	1.025	1.014	1.013	1.052
防汛抗旱减灾	1.028	1.056	0.999	1.029	1.086
宣传培训	1.038	0.972	0.991	1.047	1.009
平均值	1.025	1.011	1.010	1.015	1.036

综合分析测算结果，可以得出如下结论：第一，对于总体投资效率而言，致使其无效的原因主要包括项目管理和技术等因素造成的纯技术无效以及项目规模与投入产出不匹配造成的规模无效，对于总体无效的情况可以通过调整投入产出冗余或根据规模效益水平扩大或缩小项目规模改进；第二，对于不同类别的水利科技成果推广项目而言，同一时期的特征效率有着一定程度的差异，虽然大部分 DMU 是有效的，但冗余现象仍部分存在，即表现为科技投入的浪费、科技资源配置效果差的状况；第三，水利科技成果推广的投资效率具有明显的阶段性变化特征，总体保持增长态势，改进研究方法以及提升原始创新能力有助于提高投资效率；第四，水利科技成果推广投资效率变动存在很大的差异，不同类别水利科技成果推广投资效率变化受到分解指数变动的影响程度不同。总而言之，不同类别或是在不同时期同一类别的水利科技成果推广项目投资效率存在差异，因此要动态调整支持政策，注重项目管理、技术水平的提升以及项目规划合理性。

7.4.4　水利科技推广计划的投入-产出数据调整

(1) 水利科技推广计划的投入调整

通过计算各年各项输入、输出指标在 DEA 相对有效面上的投影，可以得到指标的冗余，进而达到调整水利科技推广计划的投入产出，使无效变为有效的目的。非有效的决策单元，其生产前沿面上的投影是有效的，因而可以通过影子价格及松弛变量分析投入的冗余，即通过改变投入来达到 DEA 有效。

令 $X'_{j_0} = \theta^* X_{j_0} - s^{*-}$，$Y'_{j_0} = \theta^* Y_{j_0} + s^{*+}$，称 (X'_{j_0}, Y'_{j_0}) 为决策单元 $(X_{j_0},$

Y_{j_0})在 DEA 相对有效面上的投影。(X'_{j_0},Y'_{j_0})相对于原来的决策单元来说是 DEA 有效的,求出各年各项输入、输出指标在 DEA 相对有效面上的投影。由此得到的投入和产出数据组成的新的决策单元相对于原来的决策单元是 DEA 有效的。令 $v_{j_0}=X_{j_0}-X'_{j_0}$,$\omega_{j_0}=Y_{j_0}-Y'_{j_0}$,$v_{j_0}$ 称为投入冗余,ω_{j_0} 称为产出不足,二者分别表示了当 DMU_{j_0} 要想成为 DEA 有效决策单元时的投入与产出变化的估计值。因此,对于那些原来非 DEA 有效的决策单元,可以通过找到其在生产前沿面上的投影转化为 DEA 有效,即调整非 DEA 有效的决策单元的投入产出数据使其达到 DEA 有效。

(2)水利科技推广计划的产出调整

由表 7-17 可知,在推广计划的产出方面,推广示范产出、科研成果产出、直接经济产出表现不足。产出指标中除了宣传培训产出值呈减少趋势外,其余三个指标值为调整增加。因此,应加强推广计划示范区域建设,扩大辐射范围,在项目申报筛选初期更应关注该项技术推广后带来的直接效益,注重技术的可推广性、项目指标的可考核性及推广技术的广泛使用性。

表 7-17 非有效决策单元的各主成分的投影值

项目年度序列	投入		产出			
	IF_1'	IF_2'	OF_1'	OF_2'	OF_3'	OF_4'
1	0.180	0.484	0.506	0.531	0.100	0.422
2	0.271	0.981	0.713	0.998	0.875	0.998
3	0.223	0.610	0.622	0.194	0.597	0.567
4	0.161	0.100	0.410	0.449	0.753	0.651
5	0.136	0.976	0.288	0.251	0.423	0.465
6	0.110	0.998	0.100	0.100	0.998	0.706
7	0.265	0.480	0.333	0.444	0.512	0.622
8	0.998	0.683	0.998	0.327	0.637	0.445
9	0.834	0.658	0.951	0.791	0.767	0.100
10	0.669	0.508	0.979	0.350	0.563	0.487
11	0.745	0.702	0.985	0.423	0.650	0.515

第 8 章

水利科技推广计划成效技术溢出效应评估

8.1 水利科技推广技术溢出内涵及影响因素

8.1.1 水利科技推广技术溢出内涵

水利科技作为知识的一种特殊形态，对经济的发展，尤其是生产率的提高起着不可忽视的推动作用。水利科技一般通过某种载体的形式出现，具有一定的非排他性和非竞争性，因此水利科技本质上具有溢出效应。水利科技在推广过程中是以技术服务的渠道进行扩散的，因此，水利科技推广计划实施过程中也必然存在溢出效应。水利科技推广技术溢出效应是指，水利科技输出方给输入方所带来的一系列优质资源对技术输入方的非自愿扩散或产生的影响，使得技术溢出输出方无法获取全部创新收益而产生的一种经济外部性。水利科技推广计划是水利科技的实验、检验以及实施的必要途径，不仅具有公益性特征，还具有技术效用传导性的特征，有助于促进国民经济其他行业或产业增效，在推广过程中不仅能够产生显著、直接的经济效益和社会效益，而且存在明显的技术溢出。

8.1.2 技术溢出的影响因素

（1）技术差距

技术差距形成的"压力差"是技术溢出产生的先决条件，与水的流动性简单类比，水头差是形成水流动的重要因素。因此，在技术水平差距越大的经济体之间，其产生技术溢出的可能性越大，反之则越小。美国学者 M. V. 波斯纳在其《国际贸易与技术变化》一书中就国际贸易中的技术差距理论进行了系统阐述。国与国之间的贸易是以商品交互形式出现，这种商品交互本质上是科技水平差异的体现，即科技水平较高的国家通过工业化生产出成本更低、品质更好的商品，通过贸易向技术水平较低的国家进行输出，在此输出过程中就产生了技术溢出，带动和提升了技术进口国的科技水平。而随着贸易的长期化和持续，进口国如果自身技术水平得到提升，直至能够与出口国技术水平相当，二者之间没有明显的技术"压力差"时，类似于水流流动的技术溢出基本结束。原技术出口国所拥有的科技优势降低或消失，这种压力对再次创新和技术提升产生驱动力。波斯纳认为，技术溢出程度和技术差距之间非线性相关，在一定范围内技术差距越大，技术溢出越明显，但如果差距超过一定阈值，技术溢出反而无法实现：技术进口国由于基础过于薄弱，不具备吸收先进技术并赶超技术出口国的能力，这时技术溢出失效。因此，发展中国家在选择技术合作和引进对象时也应量力而行，理性选择与国情和自身基础相适应的技术路线。

(2) 人力资本与科研的投入

人是社会行为的主体，资金是生产要素和生产资料得以发挥作用的基本保证，人力资本和科技研发投入对技术溢出具有决定性的作用。

人力资本是资本中最活跃的因素，人力资本存量是企业技术实施的基本载体，一切社会活动都由人来组织实施。与国际贸易技术差距理论类似，当技术输出方的人力资本水平高于技术接收方水平，技术溢出效益会随着双方的交互行为而发生。人力资本的技术溢出主要体现在几个方面：技术输出方通过人力资源培训和能力提升，使自身企业的员工水平得到提高从而提升人力资本存量，因员工能力提高带动企业甚至该行业整体水平与素质的提升；技术输出方通过技术服务和商品贸易，对技术接收方开展示范、培训、联合研究和产品提供等活动，提升技术接收方的人员素质，从而实现技术溢出；再有就是人员的流动，人是科学技术的掌握者和实施者，从业人员在不同企业之间调动、交流，科技能力会随着人员本身的流动而产生扩散，从而产生技术溢出。对人力资本的提升，是增强企业创新能力和保持持续发展最根本的驱动，对国民开展教育是增强国家综合实力的重要支撑。提高人力资本存量从而创造更高价值的途径，对社会、企业和个人均同样适用。

美国经济学家理查德·弗里曼的研究表明，研究与发展投入(R&D)对创新主体的能力提升和技术溢出效益影响直接而显著。研发投入为企业提升技能水平和创新能力提供了保障,相关人员在消耗投入的过程中伴随科技研发、试验、创造、改进等行为,形成带有知识附加的新商品和有形、无形技术增量,企业自身的资本存量扩大,市场竞争力得到增强。由此带来的积极影响是企业更易于接受先进的知识和技术,能够为技术接收方提供质量更高的服务,也间接带动生产链相关主体能力的提高,从而实现技术溢出正向激励的良性循环。

(3) 产业间的关联度

产业关联是指经济活动中,各产业之间通过投入和产出而建立起来的广泛、密切和多维度的经济性联系,其本质是产业之间供给与需求之间的紧密联系。产业关联理论从威廉·配第提出生产循环流、魁奈的循环生产过程和经济剩余、瓦尔拉斯的全部均衡理论,至里昂惕夫完整地阐释投入产出理论的基本原理,经历了不断发展和丰富完善的过程。美国经济学家艾伯特·赫希曼研究结果表明,集中有限资源支持关联度强的产业发展,更能发挥对各关联行业的带动作用,从而实现以较小投入带来较高收益的目标。产业关联不仅包括各企业之间的关联,而且也包括各类经济活动机构之间复合的综合关联,涉及服务机构、科研单位、专家、社会团体等各类主体。按生产工艺的顺序,产业关联可以分为前向关联和后向关联;按技术工艺的特点,可以分为单向关联和多项循环关联;按产业依赖程度,可以分为直接关联和间接关联等。这些根据不同角度建立的关联,都会因彼此之间的相互影响与交换而产生技术溢出。如经济学家 Lall 在分析国际企业在他国进行技术性投资,在吸纳当地上下游企业提供生产要素时,产业关联产生的溢出效益能够带动和促进当地经济发展,有利于实现多方共赢。

(4) 技术溢出方的控制

技术溢出方由于掌握了具有产生价值的先进技术和知识产权,能够在市场中获取相应利润。根据资本逐利本质,拥有领先技术的企业也会产生"路径依赖",希望一直维持技术优势而在竞争中占据有利地位。根据前文分析,技术溢出一般是在非刻意情况下产生的附加价值体现,并非企业自主意愿,因此从企业自身角度出发,可能会采取类似于知识产权保护的方式,对技术溢出进行限制甚至是尽量避免发生,可采取的措施如专利保护、保守商业秘密、挽留核心技术人员、只提供技术服务、出售关键产品以防仿冒等。从学术角度进行分析,企业采用排他的方式限制技术溢出是有可能发生的,但在实际的经济运行过程中,由于企业与市场的紧密结合产生的产业关联影响,技术溢出还是会以各种形式体现,良好的上下游产业协同有利于行业蛋糕做大,也有利于技术持续提升和进步。有的企业为促进行业整体发展,也会有意识地开展有利于技术溢出的培训、交流和信息公开等活动。

对技术溢出控制方面采取的各种手段中,知识产权保护名正言顺且效果显著,经济学家霍夫曼(Helpman)采用修正 R&D 溢出模型,对知识产权影响的研究证明了这一观点。发达国家高度重视知识产权保护,客观上也形成了对发展中国家技术溢出的技术壁垒,垄断行业采取产权保护也形成阻止其他企业进入该行业的屏障。与此相对应,不具有知识产权保护意识的国家、单位,技术溢出或是转移(甚至被侵权)的可能性很大。

(5) 金融市场的发展

内生增长理论研究技术作为内生变量对经济的支撑与促进作用,反过来金融市场与投资的高度相关性,使得其发展对技术进程同样产生重要影响。市场经济条件下,所有经济行为都与金融政策和市场密不可分,企业需要通过金融市场维持资金流转和实现资源配置。

Alfaro 等学者研究了金融市场的发展对技术溢出的作用机制。欠发达国家通过商品交易以期实现发达国家对己的技术溢出,在技术跟进和自主创新的初始阶段,需要付出"市场换技术""交学费"的高昂代价,融资能力决定了相关企业是否具有持续发展能力,此时国内有利的金融环境和政策显得尤为重要,缺乏完善金融支持的企业将举步维艰。我国学者王永奇对金融市场与企业融资成本进行了研究,研究结论同样支持和肯定了金融市场对技术溢出的积极作用。

8.2 水利科技推广计划技术溢出路径及模型构建

8.2.1 水利科技推广计划技术溢出路径

(1) 内部技术溢出

内部技术溢出是指水利科技推广计划项目之间通过参观访问或工作培训、合作研究、公开发表文献、参加各种学术会议和研讨会,在进展过程中存在技术的模仿或者产品的仿效,进而产生水利科技推广计划之间,即内部的外溢效应。根据产业关联理论,在发生多向联系时,联系的各方都可能有其他方的产品、技术或者"免费乘车",从而产生了技术溢出。经济学家 Lall 在 1980 年分析跨国公司对投资国当地供应商技术溢出效应时,认为为那些有发展潜力的供应商提供生产基地和技术设备支持的时候会产生技术溢出效应，能够促进当地经济的发展。Duuning认为，产业间除了前后关联之外，还存在横向关联，即指企业与大学或者研究机构之间的合作关系。大学或者科研机构是技术创新的集聚地，企业与大学或者科研机构之间的联系越密切，则获得的技术溢出效应就越大。在水利科技推广计划中，应用于不同领域和不同流域之间的水利技术存在高度相关性，因此我们以流域和项目类别为单位，研究不同流域及类别之间的溢出能够对推广计划技术溢出效应的整体评价起到一定的作用。

(2) 外部技术溢出

外部技术溢出是指由于水利科技推广效用的社会传导性，农业、工业和林业等行业在一定程度上也受益于水利科技推广计划带来的效益。推广计划主要通过示范和人力资本两种形式对其他产业产生溢出效应。

8.2.2　内部技术溢出模型构建与指标选取

在对水利科技推广项目进行技术溢出分析时，首先需要应用C-D生产函数构建内部技术溢出模型。

(1) C-D生产函数的基本原理

应用C-D生产函数的原理，借鉴程滢的研究，构建内部技术溢出模型。将其修正后的Feder模型进行简化，构建水利部与其他部门之间的技术溢出模型。

设

$$Y_i = Y_i(L_i, K_i, Z_j), i \neq j \tag{8.1}$$

其中，Y_i, L_i, K_i分别为项目i的产出、劳动力投入和资本投入，Z_j为对项目i有技术溢出作用的产业j的有关影响要素。式(8.1)微分后得到

$$dY_i = \lambda_L \cdot dL_i + \lambda_K dK_i + \lambda_Z dZ_j \tag{8.2}$$

其中，λ分量为项目i中L_i, K_i, Z_j的边际生产率，对式(8.2)两边同时除以Y_i并进行处理得到下式

$$\frac{dY_i}{Y_i} = \frac{\lambda_L \cdot L_i}{Y_i} \cdot \frac{dL_i}{L_i} + \frac{\lambda_K \cdot K_i}{Y_i} \cdot \frac{dK_i}{K_i} + \frac{\lambda_Z \cdot Z_j}{Y_i} \cdot \frac{dZ_j}{Z_j} \tag{8.3}$$

设L_i, K_i, Z_j满足不变产出弹性，则式(8.3)可写为

$$\frac{dY_i}{Y_i} = \alpha_1 \cdot \frac{dL_i}{L_i} + \alpha_2 \cdot \frac{dK_i}{K_i} + \alpha_3 \cdot \frac{dZ_j}{Z_j} \tag{8.4}$$

对数处理后得到以下方程

$$\ln Y_i = \alpha_1 \ln L_i + \alpha_2 \ln K_i + \alpha_3 \ln Z_j + \mu \tag{8.5}$$

其中 $\alpha_1,\alpha_2,\alpha_3$ 分别表示 L_i,K_i,Z_j 的产出弹性，μ 表示随机误差。

(2) 内部技术溢出模型构建

对于技术溢出指标的选取主要考虑两个方面：首先中国幅员广阔，自然条件多变，水利研究领域也常以流域为划分类别的依据，并且水利科技推广项目多为中央财政投入，由各省、流域水行政主管部门组织申报，因此，从流域角度分析有助于了解流域层面的水利科技创新情况。在水利科技推广项目的执行中，项目呈现出多样性。按项目来源性质，水利科技推广项目可分为七大类别，分别是农村水利、工程建设管理、水文与信息化、水土保持与生态、水资源水环境、防汛抗旱减灾和宣传培训。项目类别之间的溢出绩效测算数据选择每个类别项目的总产出、资金投入、人力投入和创新指数，流域之间的溢出绩效测算数据选择每个流域项目的总产出、资金投入、人力投入和创新指数。

① 不同类型的水利科技推广项目之间技术溢出模型

为使模型符合水利科技项目实际情况并便于计算，将式(8.5)中 Z_j 以项目的创新指数表示，构建出项目类别之间技术溢出的基本量化模型。

$$\ln Y_i = \alpha_1 \ln L_i + \alpha_2 \ln K_i + \alpha_3 \ln P_j + \mu \tag{8.6}$$

其中，Y_i,L_i,K_i 分别表示项目 i 的产出、劳动力投入和资本投入，P_j 表示项目 j 的创新指数。$\alpha_1,\alpha_2,\alpha_3$ 分别表示 L_i,K_i,Z_j 的产出弹性，μ 表示回归方程随机误差。

② 不同流域之间的技术溢出模型

在模型中，变量 Z_j 的确定是模型应用的关键。同理，将模型中变量 Z_j 用不同流域项目的创新指数表示后，构建流域之间技术溢出的基本量化模型。

$$\ln Y_j = \alpha_1 \ln L_j + \alpha_2 \ln K_j + \alpha_3 \ln P_j + \mu \tag{8.7}$$

其中，Y_j,L_j,K_j 分别表示流域项目 j 的产出、劳动力投入和资本投入，P_j 表示流域 j 项目的创新指数。$\alpha_1,\alpha_2,\alpha_3$ 分别为 L_j,K_j,Z_j 的产出弹性，μ 表示回归方程随机误差。

8.2.3 创新指数的测算

水利科技推广项目的创新水平可以通过新工艺新装置、专利数、论文数、专著数表达,因此,借鉴国家技术创新综合指数的算法计算各项目类别的创新指数,由于计量单位不同,各指标数据需要进行无量纲化处理。以农村水利类项目为例,其创新水平指标见表8-1。

表8-1　农村水利类项目创新水平指标

项目年度序列	1	2	3	4	5	6	7	8	9	10	11	合计
新工艺新装置	11	45	9	9	9	9	2	2	4	17	8	125
专利数	3	14	3	2	3	2	2	2	2	7	1	42
论文数	31	207	31	3	3	31	2	13	37	74	6	438
专著数	8	8	7	5	1	8	8	22	15	32	3	117

数据来源:水利部科技推广中心。

第一,将数据采用线性函数法进行标准化处理,消除不同量纲的影响。根据式(8.1)或式(8.2)进行无量纲规范化处理,限定单项指标赋值范围为0~100,即评价值下限为0,上限为100。

对于正向评价指标,规范化处理公式为

$$X_{ij} = \frac{y_{ij} - y_j^{\min}}{y_j^{\max} - y_j^{\min}} \tag{8.8}$$

对于反向评价指标,规范化处理公式为

$$X_{ij} = \frac{y_j^{\max} - y_{ij}}{y_j^{\max} - y_j^{\min}} \tag{8.9}$$

式中,$y_j^{\max} = \max y_{ij}$,$y_j^{\min} = \min y_{ij}$,y_{ij}表示第i年第j个评价指标的原始数据,$y_j^{\max}$表示所有年份中第j个评价指标数据的最大值,$y_j^{\min}$表示所有年份中第j个评价指标数据的最小值,X_{ij}表示所有年份中第j个评价指标数据的标准化数据。处理结果见表8-2。

表8-2　农村水利类项目无量纲处理结果

项目年度序列	1	2	3	4	5	6	7	8	9	10	11
新工艺新装置	24.56	49.56	77.26	77.26	44.25	10.75	5.17	8.62	42.24	50.20	50.99
专利数	2.70	3.89	11.79	11.79	12.10	3.60	3.27	1.74	2.03	2.36	2.94
论文数	101.70	74.32	49.88	49.88	45.44	55.27	54.94	86.74	92.51	92.84	92.41
专著数	12.41	21.93	22.50	23.69	43.06	76.22	82.32	59.90	36.37	30.28	17.41

第二,采用离差赋权法确定各指标权重。考虑某指标对所有样本差异较

小,则权重取值小,反之权重取值大。据此,离差赋权法将每一项指标的标准差占全部指标的标准差之和的比重值作为该项指标的权重,定权公式如下

$$w_i = \sigma_j / \sum_{j=1}^{m} \sigma_j \tag{8.10}$$

式中,$\sigma_j = \sqrt{\frac{1}{n-1} \sum_{i=1}^{n} [d_j(x_{ij}) - \overline{d_j}]^2}$, $\overline{d_j} = \frac{1}{n} \sum_{i=1}^{n} d_j(x_{ij})$,$\sigma_j$ 为第 j 项指标的去量纲化的标准差。

将表 8-2 中的数据代入式(8.10)中可得标准差,具体见表 8-3。

表 8-3 标准差计算结果

创新水平指标	标准差 σ_j	比重 w_i
新工艺新装置	26.48366032	0.2422
专利数	27.20989714	0.2488
论文数	27.6584765	0.2529
专著数	27.99626741	0.2560

第三,计算评价指数 R_i 和综合评价指数 R。综合评价的模型分为线性加权综合模型和非线性加权综合模型,由于技术创新指数反映的是相互组合产生的效果,线性加权评价模型与实际较为吻合。

$$R_i = \sum_{j=1}^{m} w_j x_{ij} \tag{8.11}$$

其中,w_j 表示第 j 个指标的权重,那么 R_i 就表示第 i 年的综合评级值。

将表 8-3 中的数据代入式(8.11)中得到农村水利类项目执行年度的创新指数,具体见表 8-4。

表 8-4 农村水利创新指数计算结果

项目年度序列	1	2	3	4	5	6	7	8	9	10	11
农村水利	38.25	35.25	11.16	11.43	10.91	15.15	15.75	31.32	26.29	26.07	34.65

第四,水利科技推广项目各类别创新指数。根据上述计算方法,同理可计算出其他六个项目类别的创新指数,结果汇总见表 8-5。结果显示,农村水利类项目、水资源水环境类项目创新水平较高。

表 8-5　水利科技推广项目各类别创新指数

项目年度序列	1	2	3	4	5	6	7	8	9	10	11
农村水利	38.25	35.25	11.16	11.43	10.91	15.15	15.75	31.32	26.29	26.07	34.65
工程建设管理	10.41	2.22	2.22	2.22	16.50	37.20	38.97	24.69	8.81	15.23	15.23
水文与信息化	15.76	25.76	21.71	21.71	4.26	5.22	18.95	19.53	30.66	23.80	27.86
水土保持与生态	10.31	11.54	3.62	3.62	3.62	6.91	6.78	6.19	4.54	3.44	10.87
水资源水环境	17.30	19.60	19.60	19.60	19.60	16.03	31.47	31.47	38.56	40.42	40.42
防汛抗旱减灾	5.43	5.43	5.43	4.97	5.67	25.12	39.51	38.81	18.41	4.01	4.01
宣传培训	3.42	3.16	4.77	5.99	20.04	28.95	39.65	27.07	18.17	5.04	3.42

第五,水利科技推广项目各大流域创新指数。根据上述创新指数计算方法,同理可计算出各大流域的创新指数,见表8-6。结果显示,长江流域、黄河流域科技推广项目的创新水平较高,对水利科技项目成果转化有较好的示范作用。

表 8-6　水利科技推广项目各大流域创新指数

项目年度序列	1	2	3	4	5	6	7	8	9	10	11
长江	19.68	25.64	25.47	21.33	15.34	25.02	46.64	45.82	38.03	16.41	14.02
黄河	17.47	10.66	8.95	8.95	11.22	23.14	38.16	55.96	49.22	41.01	20.94
珠江	9.40	10.30	10.30	10.30	4.98	22.60	29.24	49.94	32.32	30.10	9.40
海河	10.09	10.09	10.09	10.09	10.09	8.57	7.04	37.01	38.54	40.06	10.09
淮河	19.78	15.34	15.34	15.34	15.34	30.71	51.82	51.82	36.44	19.78	19.78
松花江	9.68	14.07	16.13	17.30	14.07	26.47	33.52	51.82	39.42	31.20	10.85
太湖	9.09	9.09	9.09	9.09	9.09	39.39	39.39	39.39	9.09	9.09	9.09

8.2.4　外部技术溢出模型构建与指标数据

(1) 外部技术溢出模型构建

由于水利科技推广效应的传导性,其推广为其他产业带来的效益主要体现在农业、工业和林业等行业。水利科技推广项目对农业、林业、工业等相关产业来说产生技术溢出效应。在不考虑项目间的溢出效应情况下,水利科技推广项目对其他产业的溢出主要通过示范和人力资本两种形式产生。因此,为了刻画两种途径对其他产业的溢出效应,在基本模型基础上构建水利科技推广项目对其他产业的溢出模型。

$$\ln D_i = \ln B + \alpha \ln K_w + \beta \ln L_w + \gamma \ln P_w + \mu \tag{8.12}$$

其中，ln B 为取对数后的常数项，它仍然是一个常数；D_i 表示农业总产值，K_w 代表项目资本投入，L_w 表示项目人力资本投入，P_w 表示水利科技推广项目产出，μ 为随机误差。水利科技推广项目资助重点主要涉及农业部门，林业及相关工业产业很少，因此，水利科技推广项目外部技术溢出计算主要为对农业部门的技术溢出。

（2）外部技术溢出指标基础数据

根据水利科技推广项目执行同期的国家统计年鉴以及水利部科技推广中心的数据，得到外部技术溢出指标数据，见表8-7。

表8-7 水利科技推广项目外部技术溢出指标数据　　　　单位：万元

项目年度	项目总产值	项目资金投入合计	项目人力投入	农业总产值
1	20393.8	3868.24	153	296918000
2	15969.85	1175.9	120	362389900
3	44737.76	1424.4	188	394508900
4	23365.3	1118	119	408108300
5	11946.07	3499.2	223	246581000
6	11204.68	718	98	280441500
7	27374.37	2958	368	307775000
8	45498.31	3823.5	610	369411100
9	66581.04	5638.51	547	419886400
10	75484.19	9867	297	469404600

数据来源：国家统计年鉴、水利部科技推广中心。

8.3 水利科技推广项目技术溢出绩效测算

8.3.1 不同项目类别间技术溢出测算结果及分析

研究采用SPSS 20软件进行回归分析，根据水利科技推广项目历年产出、资金投入、人力资本投入以及创新指数，计算不同项目类别之间的技术溢出绩效。

（1）农村水利类项目技术溢出

以农村水利类项目的产出、资金投入、人力资本投入为基础，以其他类别的创新指数为计算对象，测算出其他类别对农村水利类项目的溢出估计系数，见表8-8。

表 8-8　其他类别对农村水利类项目的溢出估计系数

项目类别	α	β	γ	R^2	调整 R^2	F 显著性系数
水文与信息化	0.409	0.542	0.049	0.421	0.174	0.253b
水土保持与生态	0.508	0.453	0.226	0.829	0.755	0.004b
防汛抗旱减灾	0.448	0.768	0.271	0.799	0.713	0.008b
宣传培训	0.439	0.674	0.231	0.816	0.737	0.006b

如表 8-8 所示，水文与信息化、水土保持与生态、防汛抗旱减灾领域及宣传培训对农村水利领域都存在着一定程度的技术溢出，技术溢出贡献度分别为 0.049、0.226、0.271 和 0.231，可以看出，水土保持与生态、防汛抗旱减灾及宣传培训领域对农村水利领域的技术溢出效应较为显著。

（2）工程建设管理类项目技术溢出

以工程建设管理类项目的产出、资金投入、人力资本投入为基础，以其他类别的创新指数为计算对象，测算出其他类别对工程建设管理类项目的溢出估计系数，见表 8-9。

表 8-9　其他类别对工程建设管理类项目的溢出估计系数

项目类别	α	β	γ	R^2	调整 R^2	F 显著性系数
农村水利	0.058	0.540	0.641	0.700	0.572	0.03b
水文与信息化	−0.518	0.729	0.705	0.784	0.691	0.012b
水土保持与生态	0.234	0.462	0.733	0.698	0.568	0.031b
水资源水环境	−0.23	−0.56	0.33	0.475	0.25	0.187b

如表 8-9 所示，农村水利、水文与信息化、水土保持与生态、水资源水环境领域对工程建设管理领域都存在着一定程度的技术溢出效应，技术溢出贡献度分别为 0.641、0.705、0.733 和 0.33，显然，农村水利、水文与信息化、水土保持与生态领域对工程建设领域的技术溢出效应较为显著。

（3）水文与信息化类项目技术溢出

以水文与信息化类项目的产出、资金投入、人力资本投入为基础，以其他六个类别的创新指数为计算对象，测算出其他六个类别对水文与信息化类项目的溢出估计系数，见表 8-10。

表 8-10　其他类别对水文与信息化类项目的溢出估计系数

项目类别	α	β	γ	R^2	调整 R^2	F 显著性系数
农村水利	0.053	0.517	0.153	0.409	0.155	0.271b

续表

项目类别	α	β	γ	R²	调整 R²	F 显著性系数
工程建设管理	0.939	-0.794	0.244	0.439	0.199	0.23b
水土保持与生态	0.635	0.491	0.567	0.512	0.303	0.148b
水资源水环境	0.024	-0.65	0.077	0.403	0.147	0.279b
防汛抗旱减灾	0.443	-0.277	0.553	0.6	0.428	0.078b
宣传培训	0.438	0.118	0.406	0.525	0.322	0.136b

如表 8-10 所示，农村水利、工程建设管理、水土保持与生态、水资源水环境、防汛抗旱减灾、宣传培训领域对水文与信息化领域都存在着一定程度的技术溢出效应，技术溢出贡献度分别为 0.153、0.244、0.567、0.077、0.553 和 0.406，显然，水土保持与生态、防汛抗旱减灾、宣传培训领域对水文与信息化领域的技术溢出效应较为显著。

（4）水土保持与生态类项目技术溢出

以水土保持与生态类项目的产出、资金投入、人力资本投入为基础，以其他技术领域的创新指数为计算对象，测算出其他技术领域对水土保持与生态类项目的溢出估计系数，见表 8-11。

表 8-11　其他类别对水土保持与生态类项目的溢出估计系数

项目类别	α	β	γ	R²	调整 R²	F 显著性系数
防汛抗旱减灾	0.194	0.249	0.366	0.722	0.604	0.023b
宣传培训	0.138	0.469	0.318	0.708	0.583	0.027b

如表 8-11 所示，防汛抗旱减灾、宣传培训领域对水土保持与生态领域都存在着一定程度的技术溢出效应，技术溢出贡献度分别为 0.366 和 0.318，防汛抗旱减灾、宣传培训领域对水土保持与生态领域的技术溢出效应均很显著。

（5）水资源水环境类项目技术溢出

以水资源水环境类项目的产出、资金投入、人力资本投入为基础，以其他类别的创新指数为计算对象，测算出其他类别对水资源水环境类项目的溢出估计系数，见表 8-12。

表 8-12　其他类别对水资源水环境类项目的溢出估计系数

项目类别	α	β	γ	R²	调整 R²	F 显著性系数
水文与信息化	0.252	0.798	0.043	0.824	0.748	0.005b
防汛抗旱减灾	0.213	0.726	0.109	0.827	0.753	0.055b
宣传培训	-0.101	0.653	0.295	0.859	0.799	0.002b

如表 8-12 所示，水文与信息化、防汛抗旱减灾、宣传培训领域对水资源水环境领域都存在着一定程度的技术溢出效应，技术溢出贡献度分别为 0.043、0.109 和 0.295，显然，防汛抗旱减灾、宣传培训领域对水资源水环境领域的技术溢出效应较为显著。

(6) 防汛抗旱减灾类项目技术溢出

以防汛抗旱减灾类项目的产出、资金投入、人力资本投入为基础，以其他类别的创新指数为计算对象，测算出其他类别对防汛抗旱减灾类项目的溢出估计系数，见表 8-13。

表 8-13　其他类别对防汛抗旱减灾类项目的溢出估计系数

项目类别	α	β	γ	R^2	调整 R^2	F 显著性系数
工程建设管理	0.360	0.949	0.729	0.852	0.374	0.105b
宣传培训	0.793	0.619	0.895	0.401	0.145	0.281b

如表 8-13 所示，工程建设管理、宣传培训领域对防汛抗旱减灾领域都存在着一定程度的技术溢出效应，技术溢出贡献度分别为 0.729 和 0.895，显然，这两个领域对防汛抗旱减灾领域的技术溢出效应均很显著。

(7) 宣传培训类项目技术溢出

以宣传培训类项目的产出、资金投入、人力资本投入为基础，以其他类别的创新指数为计算对象，测算出其他类别对宣传培训类项目的溢出估计系数，见表 8-14。

表 8-14　其他类别对宣传培训类项目的溢出估计系数

项目类别	α	β	γ	R^2	调整 R^2	F 显著性系数
水文与信息化	0.473	0.821	0.252	0.814	0.163	0.263b
水资源水环境	0.456	−0.781	0.32	0.443	0.204	0.226b
防汛抗旱减灾	0.142	0.845	0.41	0.477	0.253	0.185b

如表 8-14 所示，水文与信息化、水资源水环境、防汛抗旱减灾领域对宣传培训领域都存在着一定程度的技术溢出效应，技术溢出贡献度分别为 0.252、0.32 和 0.41，显然，这三个领域对宣传培训领域的技术溢出效应较为显著。

8.3.2　流域项目间技术溢出测算结果及分析

采用 SPSS 20 软件进行回归分析，根据水利科技推广项目执行期间产出、资金投入、人力资本投入以及计算出来的创新指数，计算出以流域项目为单元的技术溢出，结果如下。

（1）对长江流域的技术溢出

以长江流域项目的产出、资金投入、人力资本投入为基础，以其他类别的创新指数为计算对象，测算出其他流域对长江流域项目的溢出估计系数，见表8-15。

表 8-15　其他流域对长江流域项目的溢出估计系数

项目类别	α	β	γ	R^2	调整 R^2	F 显著性系数
黄河	0.714	0.683	0.554	0.775	0.705	0.323b
珠江	−0.56	0.709	0.209	0.790	0.128	0.298b
淮河	0.360	0.893	0.367	0.708	0.841	0.28b

如表8-15所示，黄河、珠江、淮河流域对长江流域都存在着一定程度的技术溢出效应，技术溢出贡献度分别为0.554、0.209和0.367，显然，黄河流域对长江流域的技术溢出效应较为显著。

（2）对黄河流域的技术溢出

以黄河流域项目的产出、资金投入、人力资本投入为基础，以其他类别的创新指数为计算对象，测算出其他流域对黄河流域项目的溢出估计系数，见表8-16。

表 8-16　其他流域对黄河流域项目的溢出估计系数

项目类别	α	β	γ	R^2	调整 R^2	F 显著性系数
长江	0.765	0.011	0.446	0.863	0.805	0.002b
海河	0.723	0.194	0.169	0.864	0.806	0.003b
淮河	0.581	0.201	0.275	0.857	0.810	0.002b
松花江	0.407	0.187	0.287	0.875	0.821	0.002b
太湖	0.751	0.041	0.264	0.866	0.808	0.002b

如表8-16所示，长江、海河、淮河、松花江和太湖流域对黄河流域都存在着一定程度的技术溢出效应，技术溢出贡献度分别为0.446、0.169、0.275、0.287和0.264，显然，长江流域对黄河流域的技术溢出效应较为显著。

（3）对珠江流域的技术溢出

以珠江流域项目的产出、资金投入、人力资本投入为基础，以其他类别的创新指数为计算对象，测算出其他流域对珠江流域项目的溢出估计系数，见表8-17。

表 8-17　其他流域对珠江流域项目的溢出估计系数

项目类别	α	β	γ	R^2	调整 R^2	F 显著性系数
长江	0.776	0.282	0.602	0.316	0.223	0.418b
黄河	0.521	0.065	0.617	0.742	0.06	0.373b

如表 8-17 所示,长江和黄河流域对珠江流域都存在着一定程度的技术溢出效应,技术溢出贡献度分别为 0.602 和 0.617,显然,这两大流域对珠江流域的技术溢出效应均很显著。

(4) 对海河流域的技术溢出

以海河流域项目的产出、资金投入、人力资本投入为基础,以其他类别的创新指数为计算对象,测算出其他流域对海河流域项目的溢出估计系数,见表 8-18。

表 8-18　其他流域对海河流域项目的溢出估计系数

项目类别	α	β	γ	R^2	调整 R^2	F 显著性系数
长江	−0.279	0.699	0.643	0.488	0.268	0.173b
黄河	0.086	0.217	0.675	0.732	0.046	0.391b

如表 8-18 所示,长江和黄河流域对海河流域都存在着一定程度的技术溢出效应,技术溢出贡献度分别为 0.643 和 0.675,显然,长江和黄河流域对海河流域的技术溢出效应均很显著。

(5) 对淮河流域的技术溢出

以淮河流域项目的产出、资金投入、人力资本投入为基础,以其他类别的创新指数为计算对象,测算出其他流域对淮河流域项目的溢出估计系数,见表 8-19。

表 8-19　其他流域对淮河流域项目的溢出估计系数

项目类别	α	β	γ	R^2	调整 R^2	F 显著性系数
长江	0.366	0.281	0.858	0.562	0.374	0.105b
黄河	0.390	0.370	0.166	0.487	0.268	0.174b
海河	0.526	0.101	0.097	0.486	0.265	0.175b

如表 8-19 所示,长江、黄河和海河流域对淮河流域都存在着一定程度的技术溢出效应,技术溢出贡献度分别为 0.858、0.166 和 0.097,显然,长江流域对淮河流域的技术溢出效应较为显著。

(6) 对松花江流域的技术溢出

以松花江流域项目的产出、资金投入、人力资本投入为基础,以其他类别的创新指数为计算对象,测算出其他流域对松花江流域项目的溢出估计系数,见表 8-20。

表 8-20　其他流域对松花江流域项目的溢出估计系数

项目类别	α	β	γ	R^2	调整 R^2	F 显著性系数
长江	−0.159	0.84	0.12	0.611	0.445	0.071b
黄河	0.002	0.989	0.287	0.638	0.483	0.056b
海河	0.099	0.811	0.065	0.605	0.435	0.075b
淮河	0.088	0.839	0.019	0.685	0.549	0.076b
太湖	0.073	0.834	0.063	0.61	0.442	0.072b

如表 8-20 所示,长江、黄河、海河、淮河和太湖流域对松花江流域都存在着一定程度的技术溢出效应,技术溢出贡献度分别为 0.12、0.287、0.065、0.019 和 0.063,显然,黄河流域对松花江流域的技术溢出效应较为显著。

(7) 对太湖流域的技术溢出

经计算,已有项目中其他流域对太湖流域不存在溢出效应。

8.3.3　水利科技推广项目外部技术溢出效应测算及分析

水利科技推广项目资助重点主要涉及农业部门,林业及相关工业产业很少,因此,水利科技推广项目外部技术溢出主要为对农业部门的技术溢出。根据表 8-7 中的数据,采用 SPSS 20 软件进行回归分析,计算水利科技推广项目对农业的溢出效应,测算结果见表 8-21。

表 8-21　模型参数汇总

模型	R	R^2	调整 R^2	标准估计的误差	R^2 更改	F 更改	df1	df2	Sig. F 更改	D.W 值
1	0.932	0.869	0.803	0.09178	0.869	13.223	3	6	0.005	3.176

表 8-21 计算结果显示调整 R^2 为 0.803,接近于 1,变量之间相关性高,因变量的变差主要由自变量取值造成,回归方程对样本数据点拟合较好。自变量对因变量的解释度高。

显著性系数在 0.05 水平上比较,由表 8-22 可以看出,F 检验显著水平极高。

表 8-22　Anova[a]

模型		平方和	df	均方	F	Sig.
1	回归	0.334	3	0.111	13.223	0.005
	残差	0.051	6	0.008		
	总计	0.385	9			

a. 因变量：农业总产值 Y。

由表 8-23 可以看出，水利科技计划推广项目每产出一个单位，可以带动农业总产值 1.285 个单位，说明水利科技推广项目对农业领域有很大的溢出作用。

表 8-23　系数[a]

模型		非标准化系数		标准系数	t	Sig.
		B	标准误差	试用版		
1	（常量）	16.909	0.470		35.983	0.000
	项目总产值 X3	0.388	0.065	1.285	5.953	0.001
	项目人力投入 X2	−0.146	0.078	−0.457	−1.871	0.111
	项目资金投入合计 X1	−0.054	0.057	−0.214	−0.940	0.384

a. 因变量：农业总产值 Y。

8.3.4　综合结果分析

从计算结果来看，科技计划项目类别之间和流域之间都存在着技术溢出，同时，科技计划的各个类别和不同流域也都接受着其他类别和流域的技术溢出。另外，水利科技推广项目对农业领域也存在着较为明显的溢出效应。

（1）不同项目类别之间的技术溢出效应

农业水利类主要是指为解决农业增产问题而提出的所有与水利相关的科技成果总和；水文与信息化类主要是指在水文水资源、水环境勘测和水利信息收集中应用的信息化技术；水资源水环境类主要指水资源优化配置与调度、水环境治理等领域的技术；防汛抗旱减灾类主要指避免或减轻洪涝、干旱、台风等自然灾害损失的技术。尽管应用领域不同，但作为水利科技成果，它们有着密不可分的联系。不同类别之间的水利技术存在高度相关性。

计算结果显示，水文与信息化、水土保持与生态、防汛抗旱减灾及宣传培训领域对农村水利领域都存在着一定程度的技术溢出效应，技术溢出贡献度分别为 0.049、0.226、0.271 和 0.231，水土保持与生态、防汛抗旱减灾及宣传培训领域对农村水利领域的技术溢出效应较为显著；农村水利、水文与信息化、水土保持与生态、水资源水环境领域对工程建设管理领域都存在着一定程度的技术溢出效应，技术溢出贡献度分别为 0.641、0.705、0.733 和 0.33，农村水利、水文与信息化、水土保持与生态领域对工程建设管理领域的技术溢出效应较为显著；农村水利、工程建设管理、水土保持与生态、水资源水环境、防汛抗旱减灾、宣传培训领域对水文与信息化领域都存在着一定程度的技术溢出效应，技术溢出贡献度分别为 0.153、0.244、0.567、0.077、0.553 和 0.406，水土保持与生态、防汛抗旱减灾、宣传培训领域对水文与信息化领域的技术溢出效应较为显著；防汛抗旱减灾、宣传培训对水土保持与生态领域都存在着一定程度的技术溢出效应，技术溢出贡献度分别为 0.366 和 0.318，防汛抗旱减灾、宣传培训领域对水土保持与生态领域的技术溢出效应均很显著；水文与信息化、防汛抗旱减灾、宣传培训领域对水资源水环境领域都存在着一定程度的技术溢出效应，技术溢出贡献度分别为 0.043、0.109 和 0.295，显然，防汛抗旱减灾、宣传培训领域对水资源水环境领域的技术溢出效应较为显著；工程建设管理、宣传培训领域对防汛抗旱减灾领域都存在着一定程度的技术溢出效应，技术溢出贡献度分别为 0.729 和 0.895，这两个领域对防汛抗旱减灾领域的技术溢出效应均很显著；水文与信息化、水资源水环境、防汛抗旱减灾领域对宣传培训领域都存在着一定程度的技术溢出效应，技术溢出贡献度分别为 0.252、0.32 和 0.41，这三个领域对宣传培训领域的技术溢出效应均很显著。

（2）不同流域之间的技术溢出效应

水利科技推广项目多为国家拨款，由各省、流域水利部门申报，因此从流域角度分析技术溢出效应有助于了解流域层面的水利科技创新情况。

回归结果显示，黄河、珠江、淮河流域对长江流域都存在着一定程度的技术溢出效应，技术溢出贡献度分别为 0.554、0.209 和 0.367，黄河流域对长江流域的技术溢出效应较为显著；长江、海河、淮河、松花江和太湖流域对黄河流域都存在着一定程度的技术溢出效应，技术溢出贡献度分别为 0.446、0.169、0.275、0.287 和 0.264，长江流域对黄河流域的技术溢出效应较为显著；长江和黄河流域对珠江流域都存在着一定程度的技术溢出效应，技术溢出贡献度分别为 0.602 和 0.617，这两大流域对珠江流域的技术溢出效应均很显著；长江和黄河流域对海河流域都存在着一定程度的技术溢出效应，技术溢出贡献度分别为 0.643 和 0.675，显然，长江和黄河流域对海河流域的技术溢出效应均很显著;长江、黄河和海河流域对淮河流域都存在着一定程度的技术溢出效应,技术溢出贡献度分别为 0.858、0.166 和 0.097,长江流域对淮河流域的技术溢出效应较为显著;长江、黄河、海河、淮河和太湖流域对松花江流域都存在着一定程度的技术溢出效应,技术溢出贡献度分别为 0.12、0.287、0.065、0.019 和 0.063,黄河流域对松花江流域的技术溢出效应较为显著。经计算,其他流域对太湖流域不存在溢出效应。

(3) 对农业的技术溢出效应

由回归结果可以看出,水利科技推广项目每产出一个单位,可以带动农业总产值 1.285 个单位。我国是传统农业大国,水利是农业的命脉,保障国家粮食安全是水利工作的重要任务。我国水资源短缺,农业领域具有最大节水潜力,大力开展农业节水技术推广应用,有利于减轻水资源超负荷压力,调整优化农业种植结构,促进高产稳产;对高标准农田水利建设和灌区实施高新技术改造,大力提高粮食产量,保障国家粮食安全;农村供水也是水利保障农业的关键内容,确保广大农民喝上健康饮用水,是水利部门义不容辞的责任,是脱贫攻坚的核心考核指标;农村水环境改善,是建设美丽乡村、营造生态宜居环境的重要保障。水利科技推广项目具有很强的公益性、基础性、战略性、外部性等特征,对农业领域的技术溢出效应对加快农业农村发展、促进生态文明建设和全面建成小康社会均具有极为重要的支撑保障作用。

总之,水利科技推广项目各个类别、流域之间以及对农业领域的确存在着一定的技术溢出效应,表明除项目实施本身产生的直接效益外,技术溢出效应对提升水利科技进步也发挥了积极的作用,合理利用技术溢出的"外部性",对于提升资源集约利用能力、有效提升水利科技推广的工作实效具有良性影响。鉴于水利科技推广的溢出绩效的存在,各水利科技管理部门应着力推进水利科技成果转移转化,加快科技成果示范应用,做好国家重点工程和典型区域技术集成示范应用和推广,促进科技成果转化为现实生产力;进一步加大科技成果宣传力度,积极打造先进、实用的水利技术宣传推广平台,通过多种形式宣传重大水利科技成就,展示水利新技术、新成果,加强技术推介与培训,促进科技成果推广应用;加强科学普及与宣传,大力推进水利科普教育基地建设,通过多种形式广泛宣传水资源国情国策,普及水利科学知识,不断提高技术溢出接收方的科学素养和整体科技水平。

第 9 章

水利科技推广计划成效管理绩效评估

9.1 管理绩效的内涵

绩效是结果的呈现。找到影响结果的控制性因素并进行调整,对于绩效的反向调节和正向激励具有重要参考意义。管理学以行为或过程为导向界定绩效。绩效并非对个体行为的评价,而是对整体情况和组织行为进行效果评判,参与个体的贡献可为计算量提供参考。绩效评价的意义体现在项目启动、组织实施和最终结果的全过程,每一环节的行为都会对最终结果产生影响,因此绩效评价是为了提高组织过程和管理效率,以得到后续更佳结果。

实际上,从不同角度对绩效的分析都有利于方法的改进。从实际影响看,绩效可以是结果和行为的一体两面,是组织实施的过程,也是过程产生的结果。以结果和行为的辩证统一为导向的观点认为绩效既要考察结果,也要考察导致结果的行为。按照模型逻辑观点,任何组织依据绩效产生过程中的关系可以分解为资源、输入、活动、输出、成果以及影响等系统运作过程要素。这些过程要素的组合,为组织最终的产出建立了可行的路径,提供了实施保证。通过对组织过程中各要素的作用和影响分析,能够直接或间接反映出影响最终价值的关键因素,要素和结果之间存在着因果关联。对过程和结果的绩效反馈,有利于运用管理的知识和手段,从过程中对组织行为和过程要素进行优化调整,提高管理效能,并得出更符合预期的效果。

项目管理绩效评价的主要对象是管理者,需要在项目实施完成后开展,属于后评价。项目管理绩效评价成果反馈作用对象也是管理者,有助于进一步提升管理行为的科学性和合理性,保障项目高质量实施。与项目后评价总体要求一致,管理绩效评价也要对规定的预设管理措施和产出效果进行对比,主要是分析管理者是否严格按照管理办法、程序实施了项目监督、检查、管理和调整,管理行为对项目实施是否产生了积极影响,是保证项目的顺利实施还是影响项目实施,是否有管理缺失或管理过度。与一般意义上的项目后评价有所不同的是,项目管理主要体现在项目实施阶段,后续持续影响通常不作为评价要素。

综上,管理绩效的关键影响因素如下:一是制度,主要包括项目管理办法、项目指南、申报和管理流程、项目确认的文本如任务书、合同等;二是目标设置与实施,包括技术路线、年度计划、总体目标、资金预算、组织分工等;三是项目负责人和承担单位,包括项目团队分工,项目负责人和参加人员的资历、能力、发挥的作用等;四是保障措施,如配套办公条件、试验设备、原材料、场地和组织协调等;五是调整能力,及时纠偏并按照程序履行变更手续,保证项目沿着设定路线实施的能力等。

结合水利科技推广实际情况,影响水利科技推广项目管理绩效的因素主要包括:一是科技成果本身,如成果所处阶段、先进性与成熟性、知识产权归属;二是政策条件,如是否符合水利中心工作,是否具有推广应用可行性和必要性;三是人为因素,如项目承担单位的队伍能力、推广服务对象的培训方式手段、技术持续改进提升能力等;四是保障条件,如配套经费、协作单位、相关制度等;五是推广应用前景。这些因素一般是共同作用,且相互影响、相互制约,因此根据水利科技推广项目的管理特点,将以上影响因素归纳总结为四类,分别为经费管理、激励管理、过程管理和成果管理。

9.2 管理绩效调查问卷设计

9.2.1 调查问卷设计原则

为更准确地把握我国水利科技推广计划的实施情况,对推广计划管理绩效进行全面评估,调查问卷的设计遵循以下基本原则。

(1) 科学性与可操作相结合

科学性是推广计划管理绩效调查问卷设计的最基本原则。所设计的调查问卷既要客观反映水利科技推广计划的实施情况,又要为完善水利科技推广机制奠定基础。问卷的架构除了依据一定的理论基础,还须考虑到影响整个水利科技推广计划的因素,使问卷内容更具操作性。

(2) 系统性与关键性相结合

水利科技推广计划管理绩效的调查问卷设计应以系统论为指导,全面地反映我国水利科技推广计划的整体状况,梳理影响水利科技推广计划管理绩效的相关影响因素,建构问卷体系。通过对接实况,保证调查问卷真实地反映我国水利科技推广计划的管理绩效。

(3) 相对性与独立性相结合

水利科技推广计划管理绩效调查问卷中所设计的各因素间应具有相对的独立性,不应存有包含、交叉及大同小异的现象,以确保调研的科学合理性。

9.2.2 调查问卷流程设计

问卷调查法是国内外实证研究经常采用的数据获取方法,通过该方法可简便、灵活地获得翔实可靠的第一手资料。问卷设计是开展实证调研、提高分析准确性的基础。调查问卷设计首先根据水利科技推广工作特点,根据目标导向、问题导向,分析研究影响水利科技推广项目实施的关键因素与变量,设计便于统计计算的相关框架,为问卷设计提供基础支撑;其次,咨询水利科技研究的相关专家,对水利部项目管理专家、流域机构的科技推广人员进行访谈;最后,在综合研究基础上,通过与业务管理部门充分沟通,结合我国水利科技推广项目的实施情况,设计调查问卷的最终形式。

问卷初步的测量变量力求全面,尽可能多地反映出我国水利科技推广项目管理绩效需要测量的变量属性。水利科技推广项目管理绩效调查问卷主要围绕推广经费支持、推广绩效激励、推广过程管理以及推广成果管理四大模块进行设计。调查问卷包含三个部分。第一部分为填写人的基本信息,包括填写人所在的单位、职称、职务信息,意在说明调查问卷填写人的来源;第二部分为项目执行单位的水利科技推广项目在管理过程中的具体信息,了解推广经费支持、绩效激励、过程管理以及推广成果管理情况;第三部分旨在了解项目执行单位的推广经验和特色、困难及其相关建议等。管理绩效调研方案以及调查问卷分别见附录1和附录2。

9.3 管理绩效结构方程构建及综合分析

管理绩效评价是反映科技推广项目在执行过程中管理行为的综合效果。

采取问卷调查的方式,分析考察水利科技推广项目在执行期间的管理水平。分析采用定性分析与综合评判方法。采用结构方程建立推广管理效应评价模型,通过分析影响水利科技推广项目管理绩效的直接因素和间接因素,建立评价指标体系,对水利科技推广项目承担机构开展问卷调查。采用二阶验证性因素分析模型进行绩效评价,根据评价结果,有针对性地提出改进措施和意见建议,为水利科技推广项目管理丰富完善组织管理机制提供参考。

9.3.1 信度分析及检验

为了得出不同影响因素的影响程度,通过咨询相关专家以及水利部科技推广中心相关负责人,实际调查了水利科技推广计划管理的情况,运用量化分析的方法,对二级指标进行了抽样式问卷调查,问卷调查表整理采用李克特五级量表(5分、4分表示肯定性回答,2分、1分表示否定性回答,3分表示中性回答)。问卷回收整理之后,首先对其进行可靠性分析。

问卷的可靠性可以通过信度检验来反映。信度检验是调查对象对同类方法多次回馈反映出的相同程度检验,由此可以较为稳定地反映实际情况。管理绩效调查问卷属于态度型调查问卷,α 信度系数是目前最常用的,适用于态度、意见式问卷(量表)的信度分析,可测量量表中各题项得分间的一致性,属于内在一致性系数。用 SPSS 20 对问卷的可靠性进行检验,结果见表 9-1。

表 9-1 可靠性统计量

Cronbach's Alpha	基于标准化项的 Cronbach's Alpha	项数
0.773	0.726	16

一般认为,量表的信度系数最好在 0.8 以上,0.7~0.8 之间可以接受。由表 9-1 的结果可以看出,该问卷的信度系数处于可接受的范围。

9.3.2 结构方程模型构建及参数估计

(1) 结构方程及标准化路径系数

结构方程模型(Structural Equation Modeling,SEM)被社会科学研究广泛使用,是多元数据分析的重要工具。水利科技推广项目管理绩效评价指标体系采用结构方程评价模型进行研究,优点是可以高度抽象概括逻辑关系,采用可测得指标间接体现一些难以量化的潜在因素指标,并通过各指标的关系分析进行推演,计算管理绩效影响因素的路径系数,从而建立相关函数关系,对水利科技推广项目管理绩效作出更科学、精确的评价。基于水利科技推广项目实际情况以及管理绩效相关影响因素的理论分析,根据前述管理绩效评价指标的内涵,构建评价变量表,见表9-2。

表 9-2 水利科技推广计划管理绩效评价变量表

内因潜在变量	观察变量
经费管理(F_1)	经费充足性(X_1)
	与预算一致性(X_2)
	需求契合度(X_3)
	配套资金充足性(X_4)
激励管理(F_2)	管理办法完备性(X_5)
	考核内容合理性(X_6)
	绩效奖励多样性(X_7)
	培训制度丰富性(X_8)
过程管理(F_3)	示范效果(X_9)
	质量检验规范性(X_{10})
	推广方式多样性(X_{11})
	沟通流畅性(X_{12})
成果管理(F_4)	成果领先程度(X_{13})
	产学研合作程度(X_{14})
	产业化程度(X_{15})
	成果认可度(X_{16})

在结构方程模型中,一般用规范拟合指数(NFI)、不规范拟合指数(NNFI)、比较拟合指数(CFI)、增量拟合指数(IFI)、拟合优度指数(GFI)、调整后的拟合优度指数(AGFI)、相对拟合指数(RFI)、均方根残差(RMR)、近似均方根残差(RMSEA)等指标来衡量模型与数据的拟合程度。学术界普遍认为在大样本情况下,NFI、NNFI、CFI、IFI、GFI、AGFI、RFI 大于 0.9,RMR 小于 0.035,RMSEA 小于 0.08 表明模型与数据的拟合程度很好。应用 AMOS 23.0 建立模型并输入数据,得到管理绩效量表二阶验证性因子分析主要适配度摘要表,见表 9-3。

表 9-3 CMIN 验证性因子适配度

Model	NPAR	CMIN	DF	P	CMIN/DF
Default model	36	135.600	100	0.010	1.356

续表

Model	NPAR	CMIN	DF	P	CMIN/DF
Saturated model	136	0.000	0		
Independence model	16	1476.894	120	0.000	12.307

表 9-3 显示，模型适配度指标会提供预设模型(Default model)、饱和模型(Saturated model)与独立模型(Independence model)的数据，在模型适配度参数判别上以预设模型的参数为准。预设模型参数共有 36 个，卡方值(CMIN 列)为 135.600，模型的自由度(DF 列)为 100，显著性概率值 0.010<0.05，达到显著水平，拒绝虚无假设，卡方自由度比值(CMIN/DF)1.356<3.000，表示模型的适配度良好。

表 9-4 模型适配度指标中的 RMR 值 0.027<0.05，GFI 值 0.987>0.900，AGFI 值 0.982>0.900，PGFI 值 0.726>0.05，均达模型可以适配的标准。GFI 和 AGFI 的值通常被视为绝对适配指标。AGFI 与 PGFI 可由饱和模型的参数个数(136)、预设模型的自由度(100)以及 GFI 值导出。AGFI=1−(1−0.987)×136/100≈0.982，PGFI=0.987×100/136≈0.726。

表 9-4 RMR 指数和 GFI 拟合优度指数

Model	RMR	GFI	AGFI	PGFI
Default model	0.027	0.987	0.982	0.726
Saturated model	0.000	1.000		
Independence model	0.191	0.608	0.556	0.537

表 9-5 为各种基准线比较(Baseline Comparisons)估计量，AMOS 输出的基准线比较适配统计量包括 NFI、RFI、IFI、TLI、CFI 五种，NFI 值 0.908>0.900，RFI 值 0.959>0.900，IFI 值 0.906>0.900，TLI 值 0.969>0.900，CFI 值为 0.900，均符合模型适配标准，表示假设理论模型与观测数据的整体适配度佳。

表 9-5 模型基准比较

Model	NFI Delta1	RFI rho1	IFI Delta2	TLI rho2	CFI
Default model	0.908	0.959	0.906	0.969	0.900
Saturated model	1.000		1.000		1.000
Independence model	0.000	0.000	0.000	0.000	0.000

NFI 值=1−(预设模型卡方值÷独立模型卡方值)=1−(135.600÷

1476.894)≈0.908,TLI 值＝(独立模型 CMIN/DF－预设模型 CMIN/DF)÷(独立模型 CMIN/DF－1)＝(12.307－1.356)÷(12.307－1)≈0.969。

表 9-6 RMSEA 为渐进残差均方和平方根(root mean square error of approximation)。一般 RMSEA 值判别标准为：<0.05 表示模型适配度佳；<0.08 表示有合理的近似误差存在，模型适配度尚可。学者 Hu 和 Bentler(1999)提出一个判断的依据，如果 RMSEA 值小于 0.06，表示假设模型与观察数据的适配度良好。表 9-6 中 RMSEA 值为 0.050，小于等于 0.5，模型在可以接受的标准之内。根据拟合度指数，路径系数见图 9-1。

表 9-6　RMSEA 渐进残差指数

Model	RMSEA	LO 90	HI 90	PCLOSE
Default model	0.050	0.025	0.070	0.480
Independence model	0.145	0.131	0.158	0.000

图 9-1 中的 $e_i(i＝1,2,\cdots,16)$ 为残差项。由结构方程可以构建评价水利科技推广计划管理绩效的线性方程：

$$F＝0.61F_1＋0.74F_2＋0.85F_3＋0.99F_4$$

$$F_1＝0.41X_1＋0.54X_2＋0.88X_3＋0.73X_4$$

$$F_2＝0.85X_5＋0.71X_6＋0.64X_7＋0.62X_8$$

$$F_3＝0.83X_9＋0.53X_{10}＋0.44X_{11}＋0.70X_{12}$$

$$F_4＝0.60X_{13}＋0.45X_{14}＋0.40X_{15}＋0.91X_{16}$$

从图 9-1 中可以看出，水利科技推广计划管理绩效的影响因素由强到弱排序为成果管理、过程管理、激励管理、经费管理。可以发现，成果认可度、成果领先程度、产业化程度等在很大程度上影响最终的管理绩效。这是因为推广计划项目成果本身如果具有很强的先进性，则整个项目管理绩效水平就会提高。推进水利科技成果转化运用的对策之一就是加快推动水利标准化，加强成果转化与技术标准的有机衔接，采用多种方式，在较短周期内将适宜成果纳入相关技术标准体系，建立先进科技成果快速转化为技术标准的机制。

(2) 管理绩效变量分析

从图 9-1 中可以进一步得出以下结论：

第一，以经费管理为内因潜在变量时，需求契合度和配套资金充足性对其的影响最大。一方面反映了水利科技成果推广作为一项 R&D 活动，经费的支出规定与科学研究的契合度对整个项目的顺利进行起到了很大作用，另

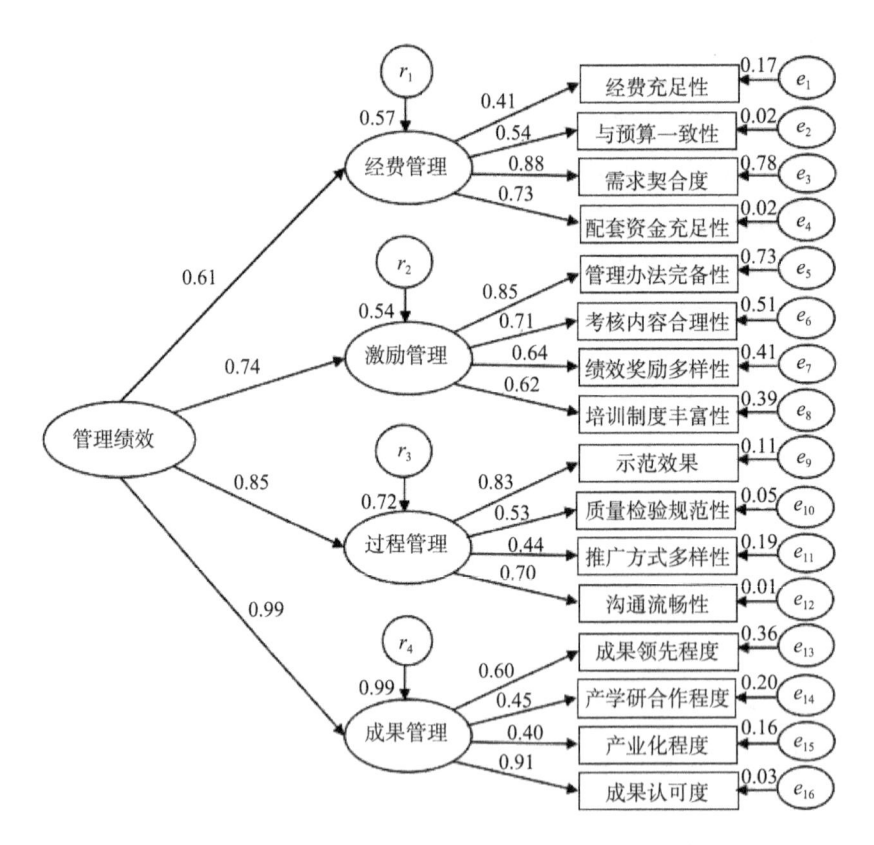

图 9-1　水利科技推广计划管理绩效评估模型及标准化路径系数图

一方面也反映了在资金使用过程中，以国拨推广资金带动地方及其他配套资金的支持，将会对项目的进展产生很大的促进作用。

第二，以激励管理为内因潜在变量时，管理办法完备性和考核内容合理性对其的影响最大。这反映了完善的绩效管理办法和合理的绩效考核有利于激发推广人员的活力，鼓励技术创新，提高推广组织的推广业绩，建立推广的驱动机制，以实现水利科技推广目标，支撑水利现代化建设的实现。

第三，以过程管理为内因潜在变量时，示范效果和沟通流畅性对其的影响最大。一方面反映了推进水利科技示范园区和试验站建设是落实水利科技创新驱动发展战略的重要环节，也是科技成果推广的重要载体，另一方面也反映出与上级部门的有效沟通可以使推广工作更加顺利进行。

第四，以成果管理为内因潜在变量时，成果领先程度和成果认可度对其的影响最大。这反映了技术标准和科技奖励是水利科技先进性的外在表现，成果越是先进、成熟,与实际生产的衔接程度就越高,代表推广计划的管理绩效水平就越高。因此,在以后的水利科技示范工作考核中,可以着重考虑这两个方面的水平。

9.3.3 管理绩效综合结果分析

根据模型路径图上的路径系数,可以对模型中的各级指标分配权重。路径系数图清晰地反映了观察变量与一阶潜变量和二阶潜变量之间的路径系数。通过对路径系数进行归一化处理,即将上述每一个维度的路径系数相加,再将每个维度的路径系数除以该维度路径系数总和,得到相关变量的权重系数。进一步根据归一化的权重系数计算综合管理绩效水平。归一化处理后计算出来的各级指标的权重系数乘以相应的平均得分,可得出各项的综合得分。计算式为

$$S = W_1 S_1 + W_2 S_2 + W_3 S_3 + W_4 S_4 \tag{9.1}$$

$$S_1 = w_1 s_1 + w_2 s_2 + w_3 s_3 + w_4 s_4 \tag{9.2}$$

$$S_2 = w_5 s_5 + w_6 s_6 + w_7 s_7 + w_8 s_8 \tag{9.3}$$

$$S_3 = w_9 s_9 + w_{10} s_{10} + w_{11} s_{11} + w_{12} s_{12} \tag{9.4}$$

$$S_4 = w_{13} s_{13} + w_{14} s_{14} + w_{15} s_{15} + w_{16} s_{16} \tag{9.5}$$

按照式(9.2)至式(9.5)得出各项的综合得分,见表9-7。

表9-7 管理绩效评价指标重要性系数

内因潜在变量	权重(W)	观测变量	权重(w)	平均得分(5分制)	综合得分
经费管理 (F_1)	0.19	经费充足性(X_1)	0.16	4.48	3.91
		与预算一致性(X_2)	0.21	4.22	
		需求契合度(X_3)	0.34	4.75	
		配套资金充足性(X_4)	0.29	2.38	
激励管理 (F_2)	0.23	管理办法完备性(X_5)	0.30	1.97	2.70
		考核内容合理性(X_6)	0.25	3.20	
		绩效奖励多样性(X_7)	0.23	2.62	
		培训制度丰富性(X_8)	0.22	3.22	
过程管理 (F_3)	0.27	示范效果(X_9)	0.25	1.27	1.99
		质量检验规范性(X_{10})	0.19	2.59	
		推广方式多样性(X_{11})	0.17	2.04	
		沟通流畅性(X_{12})	0.39	2.14	

续表

内因潜在变量	权重(W)	观测变量	权重(w)	平均得分(5分制)	综合得分
成果管理 (F_4)	0.31	成果领先程度(X_{13})	0.33	2.20	3.64
		产学研合作程度(X_{14})	0.21	4.69	
		产业化程度(X_{15})	0.18	2.97	
		成果认可度(X_{16})	0.28	4.99	

最后按照式(9.1)得到管理绩效综合得分为3.03,属于中等偏上水平,推广经费支持和推广成果管理绩效属于中上等水平,但是推广绩效激励和推广过程管理得分较低,说明这其中存在的问题比较大。因此,在以后的水利科技推广管理工作中,要提高绩效激励和过程管理方面的整体水平。

在激励管理方面,建立有利于激发科技人才活力、鼓励科技创新的相关制度,完善推广人员绩效考核办法,丰富绩效考核内容,建立分类考核制度,突出对推广人员推广实践评价;完善奖励制度,形成以工资和福利奖励为导向、水利科技成果推广转化奖励为补充的推广人员奖励体系,提高水利科研人员成果转化收益比例,提高成果发明人、共同发明人、成果推广人员等在水利科技成果完成和转移过程中作出重要贡献人员的奖励水平;完善培训制度,不局限于国内专业知识培训,更多地为科研人员出国交流合作创造机会,加强专业化水利科技成果转化队伍建设,培养业务精湛、具有国际视野的复合型科技成果转化人才。

在过程管理方面,结合水利发展需求和水利科技规划,充分利用水利技术示范项目和各类推广项目,围绕农村水利、水利工程建设管理、水文与信息化、水土保持与生态、水资源水环境、防汛抗旱减灾、宣传培训等重点领域,鼓励支持开展多种形式的科技示范园区、示范基地、试验站、野外观测站建设;加强科技基础性工作,推动与其他行业部门联合建立综合水利科技示范园区,形成以点带面的技术辐射格局,为水利基础数据获取和科技成果示范提供基础平台;加强水利科技基础数据科研、应用共享,制定基础数据分类规范或导则,做好水利科技统计工作,面向科研机构提供研究数据、普查数据、工程数据、水文数据、地图资源等基础数据服务,为科研人员建立获取水利基础数据的便捷、有效通道。

第 10 章

水利科技推广模式与机制创新

10.1 构建水利科技成果圈层推广体系

10.1.1 核心圈层(区域层)的水利科技推广

为确保水利科技成果体系更加完善,支撑水利科技成果推广工作的高效运行,应从健全完善水利科技成果流域推广组织体系等入手,构建区域层面的水利科技成果推广体系。加快以流域为核心,以省(市、自治区)水利(水务)厅(局)为依托、以项目成果为抓手的水利科技成果推广体系的建设,强化科技示范基地(园区)的成果转化和技术扩散的示范效应。

(1) 以流域为核心,加强集成推广

不同流域之间技术溢出效益的回归结果显示,流域之间技术溢出效益明显。以流域为单位和管理核心,加强科技推广组织实施,有利于充分发挥水利流域管理组织优势,在流域统一规划、统一管理下,能够在现行条件下有效弥补体制机制不健全的不足。以流域为核心,根据水利发展需求和水利科技规划,结合我国各地自然条件特征,对科技示范基地进行合理布局;整合现有机构的人才、工作平台等资源,组建区域科技推广中心或工作站,以流域为整体,推广流域经济社会发展中的先进水利科技,开展有优势的重大技术集成与推广应用。

(2) 以区域为核心,加强示范推广

水利科技推广中的诱导性制度变迁,是在增加了水利科技推广约束条件下的诱导性变迁。根据水利行业公益性特点,水利行业主要依赖公共财政进行技术研究和推广。除加强以流域为核心的组织模式外，水利科技推广仍存在以财政自身投入为主的路径依赖。根据论文研究结果，国拨资金每投入1万元，可带动地方及其他资金1.60万元，因此，在体系构建中，应以省（市、自治区）水利（水务）厅（局）的灌溉实验站、水文测站、水保站、水管站、农业综合技术服务站等组织机构为依托，转变水利科技管理职能，围绕区域需求，构建具有区域特色的水利科技示范园区（基地）；鼓励开展多种样式的科技示范园区（基地）、试验站、野外观测台站建设，加强科技基础性工作，推动与其他行业部门联合建立综合节水示范区；着重推广区域经济社会发展中的先进水利技术，在区域重点开展科技成果的集成创新、项目示范和技术传播活动；促进示范基地良性发展与扩散，进一步调动各地方的工作积极性，充分发挥科技推广的示范带动作用。

（3）以项目为抓手，加强项目推广

水利科技推广项目实施的11年中，政府公共投资的2.32亿元资金带来的平均收益为11.31亿元，项目的实施可以给整个社会带来较大的综合收益。因此，应进一步着力解决项目资金投入不足问题，加强项目组织力度，以项目成果为抓手，围绕防洪减灾、国家水网、数字流域、生态文明、饮水安全、水土保持、节水灌溉等重点工作，以项目为载体，基础性和公益性研究项目可采用委托、指令性计划等形式择优赋予研究任务，发挥政府在水利科技成果转化中的主导作用；对于那些能够产生较好经济效益的成果，鼓励社会资本参与，充分发挥企业创新主体作用，通过财政项目引导和市场手段结合，以项目形式扶持企业发展，引导市场型推广组织做大做强。

10.1.2 宏观圈层（全国层）的水利科技推广

结合水利科技未来发展规划，围绕国家"一带一路"、长江经济带、黄河生态保护与高质量发展、京津冀协同发展、粤港澳大湾区、成渝经济圈等国家战略，构建全国层面的宏观圈层水利推广体系。

（1）加强流域间的合作，推进科技成果转化

充分发挥流域间水利科技成果推广的溢出效应，合理利用水利科技成果的外部性，在各流域推进流域水生态文明建设、加强流域系统治理的同时，定期或不定期地召开流域水利科技成果研讨会和经验交流会，搭建充满活力、友好互动与广泛参与的平台；建立流域间的水利科技成果合作共享机制；打破碎片化的水利科技成果转移转化机构的局限，对相关流域可转化技术进行

分类集成,建立综合性、规模化的水利科技成果转移转化中心,提供专业化的知识产权、技术培训、融资、孵化等服务,吸引各类对先进技术、项目成果、人才等资源有需求的机构到科技转移中心寻求技术合作,提高科技成果转化的成功率。

(2) 加强与有关部委的合作,推进科技成果转化

计算结果表明,水利科技计划推广项目每产出1个单位,可以带动农业总产值1.285个单位,说明水利科技推广项目对农业及其他相关领域有很大的溢出作用。因此,应以《中华人民共和国国民经济和社会发展第十四个五年规划和2035年远景目标纲要》《"十四五"水安全保障规划》《"十四五"水利科技创新规划》《中华人民共和国促进科技成果转化法》《中华人民共和国农业技术推广法》为指导,依托国家重点研发计划及长江黄河研究基金,进一步加大水利部与科技部、自然基金委等其他部委之间的合作,高度重视、认真组织综合型重点项目申报;推动水利部、农业农村部、工信部等部委优势科技资源协同创新,通过设立指导性计划等形式,推进重大科技成果转化;建立开放机制,引进农业先进科技成果、高新技术,促进各类科技成果深度融合。

(3) 以重大水利工程项目为依托,推进科技成果转化

落实工程带科研政策,面向水利生产实践需求,依托国家重点水利工程,加强集成创新,形成系统集成技术解决方案并在其他领域的重大工程中加以推广应用,加速科技成果市场化、产业化的进程;结合水利技术关键问题的解决以及水利科技重大需求,通过重大水利工程的示范带动效应,集中攻关,形成最前沿的水利科学技术并加以推广应用。

(4) 加强水利科技政产学研用金深度融合,推进科技成果转化

根据科技成果推广转化内在规律,借鉴国内外相关行业先进经验,以"需求导向,应用至上"为原则,建立各方参与、融合发展的合作机制;通过相关政策和制度创新,引导科技企业、科技人员参与水利科技创新方向,及时吸纳企业和投资者前期参与指南编制和项目立项,鼓励中央财政支持的重点实验室、工程中心开放共享仪器设备;指导创新团队建设,激发涉科团体参与创新积极性;发挥市场天然的"自组织"作用,推动政府、产业、学校、研发机构和金融机构共同努力,形成政产学研用金多方协同推动科技成果转化和创新创业的新格局。

10.1.3 开放圈层(全球层)的水利科技推广

立足国家战略和国际视野,构建全球层面的开放圈层水利科技推广体系。

(1) 积极"走出去",推动水利技术标准国际化

借鉴国外发达国家经验与做法,围绕"一带一路"建设总体战略部署,深化构建"人类命运共同体"理念,强化与周边国家涉水合作,实施水利"走出去",积极推广我国先进水利科技成果;积极申请国际水利技术专利,鼓励科研人员参加各类国家标准化活动,加快我国水利技术标准的国际化进程,提升我国在国际涉水领域的影响力和话语权;推动建立覆盖整个"一带一路"沿线国家的水利科技信息平台,以国际视野做好中国水利对外宣传;争取国际先进技术转移中心建设,加强国际科技合作基地建设,积极参与国际联合项目,积极推动我国先进水利技术与人才"走出去"。

(2) 积极学习先进技术,实现消化吸收再创新

通过实施国际重大联合项目,引进先进的水利科技资源、技术、设备、推广管理经验和智力资源,利用国内国外两种资源、两个市场推动水利产业升级;在"以我为主,为我所用"的原则下,通过交流互访、研讨咨询、科技讲座、技术推介等多种方式,邀请国外知名专家提供指导,学习世界先进的水利科学技术和管理模式,为水利科技推广工作提供更加开阔的视野;将引进的先进水利技术加以消化吸收再创新,通过国家重大水利工程、项目转化模式、示范转化模式、技术市场模式等,结合我国水利生产特点和实际需求加以推广应用。

(3) 积极构建合作平台,加强国际交流与合作

积极打造现代水利国际合作平台,依托中欧水资源合作、澜湄水资源合作等平台,利用中外双边多边合作机制,广泛开展技术合作;面向"一带一路"国家建设国际合作工程中心与示范工程;进一步推进国际组织、研究中心落户中国,"集天下英才为我所用";推动国内水利高等院校与世界知名水利高等院校建立友好合作关系,启动实施一批水利科技创新前沿领域的联合研究项目并加以推广应用;推动建立水利科技研究创新国际合作机制,重点支持解决一批影响水污染治理、水资源调度、洪水预测预报等的共性技术难题。

10.2 建立水利科技成果多样的转化模式

根据水利科技项目成果的多样性,成果产生的经济、社会、生态效益表现的多样性,建立水利科技成果多样的转化模式。

10.2.1 项目转化模式

对于基础性、公益性较强的水利科技成果,通过组织实施推广项目、政府购买服务、实施指导性计划等多种方式,将满足水利行业发展需求的水利科技成果进行政府层面的推广。由政府主管部门组织编制水利科技推广规划,发布项目申报指南或实施细则,引导社会资源向符合水利发展重点方向的领域集中,有效提高各类资金、资源的配置与使用效益;对于经营性的水利科技成果,鼓励企业、研究开发机构、高等院校通过公平竞争,独立或者与其他单位联合承担政府组织实施的科技研究开发和水利科技成果推广项目,开展水利关键技术研发和重大产品创制;可采用"揭榜挂帅"、后补助等方式,对企业自主实施的、符合行业需求的技术开发与推广活动提供支持。

10.2.2 示范园区模式

统筹各类科技示范园区(基地)的建设和管理,完善制度建设,充分发挥示范园区理念先行、宣传教育、科学普及、示范引领等功能;鼓励支持开展多种形式的水利科技推广园区建设,充分利用已有的水情教育基地、水土保持示范活动、科技推广示范基地、优秀示范工程,结合新开展的全国水利科普教育基地、国家野外试验站的创建等,建立健全基地良性运行发展机制,对科技示范基地施行推广绩效的考评和奖励,切实发挥示范园区以点带面的辐射作用,推动水利科技进步;充分利用各级水利科技推广类项目,围绕水利中心工作,按照"有所为有所不为"的原则,在重点领域选择行业急需、成熟适用的技术与产品,在重点工程和典型区域率先开展试点示范,强化工程带科研机制,加强科研总结,形成可推广可复制的典型模式,在此基础上开展规模化的推广应用。

10.2.3 技术市场模式

坚持市场机制与政府调控相结合的原则以及风险共担、利益共享的原则,推进水利技术市场的发展,促进水利科技成果商品化。第一,建章立制,针对水利技术交易目前尚处于自发、缺乏引导管理的状态,依法依规推动制度建设,贯彻落实"两手发力",规范交易行为的同时鼓励市场参与,明确各方责权利,为技术市场提供政策保障。加强与技术交易管理部门的合作,加强技术交易规范化、合法化制度建设。第二,培养水利技术市场的经营管理人才和技术经纪人,维护技术所有权人的合法权益与技术市场秩序。第三,完善水利技术价格机制,与一般通用、民用产品不同,水利技术产品具有明显的定制性和差异性,需综合考虑工程性、地域性、需求场景等多种因素,合理确定水利技术产品价格。对专利或专有技术特别是新技术定价,在没有规范和价格、工商规定参考情况下,可由双方本着公平互信原则协商解决并签订商务合同保障各自权益;对物化性技术,应及时建立行业通用性规则或标准规范,交易价格需在规则范围内接受市场调节。第四,完善水利技术市场信息系统,建立健全政府引导、多方参与、具有公信力的信息平台,提供信息采集、甄别、发布、交易等服务,为水利技术交易提供综合服务。第五,建立良性驱动机制,参与各方在技术交易中均能获得合法权益并实现多赢,以利益驱动的方式促进可持续发展。

10.2.4 企业转化模式

通过政策推动、协调服务、资金支持、信贷支持、税收支持等鼓励依托水利科技项目成果进行的创业活动,特别是吸纳企业参与各级水利科技推广类项目,推动成果产品化和市场化;鼓励企业采用技术联盟、联合攻关、专利转让、技术交易等多种方式,广泛开展科技成果转化推广活动,建立形式多样的成果推广转化组织机构;把握水利科技企业创新发展的新技术、新需求、新业态,拓展水利科技企业创新发展新空间,推进新技术、新材料、新工艺、高端装备等的集成应用与推广;支持企业发挥创新主体作用,参与水利科技创新与应用产品研发,吸纳企业参与国家和省部级重点实验室、工程中心的建设和认定,鼓励企业及时发布产品动态信息,加强与应用部门的有效沟通和对接,使得研发方向更契合行业需求,实现支撑行业发展和自身经济发展结合统一的目标。

10.2.5 咨询服务模式

针对科技成果不以产品形式呈现的共性技术,根据其专业性要求相对较低的特点,鼓励社会科技中介机构参与,提供带有共性特点的技术交易服务和咨询、代理、经纪等服务;通过水利部有关管理机构和社会力量相结合的方式,建设智慧化、专业化的水利科技推广综合服务平台,为成果供需双方提供个性化、差异化服务,满足不同用户的实际需求,一方面建立起国内外先进水利技术成果供给库,另一方面关联起成果的需求方,同时提供相关科研院所的智力支撑,使成果供需双方能够在服务平台上高效、准确地找到成果、政策、专家咨询支持等;支持围绕国家战略和区域、产业发展需要,建设公共研究开发平台,提高资源利用与服务能力,为科技成果转化提供技术、咨询、转化和对接等服务;可通过建立智库、工程(咨询、评估)医院、孵化器等方式,为处于初创期的科技型中小企业提供成长服务,引导其在水利发展主业方向上健康发展,通过企业孵化和发展,反哺于水利工作的良性机制。

10.3 构建水利科技推广金融支持多样化模式

10.3.1 水利科技推广项目的政府分类支持模式

针对不同类别水利科技成果推广投资效率的差异,打破传统政府支持的单一模式,建立全面综合的金融支持体系。通过协调不同性质的金融机构,组合运用金融工具,即政府提供相应的资金或政策扶持,科技银行对水利科技成果推广活动提供"低门槛、低利率、高效率"贷款,专业评估、担保、保险机构可视不同环节参与水利科技推广活动,共同建立风险评估和防御体系,在获得不同阶段收益的同时分散、降低水利科技成果的推广投资风险。

(1) 政府主导型多维金融支持模式

根据投资效率的分析,水资源水环境类、防汛抗旱减灾类和宣传培训类具有较强的公共产品性和投入的外部溢出性,单纯科技成果的推广应用对该类项目的作用呈现滞后性,且显著性较弱。因此,该类项目适合采用政府主导型多维金融模式。通过政府主导优化配置,引导多元投入支持科技推广活动。在确保水利科技成果推广产出经济、社会和生态效益的前提下,以国家财政拨款为重要支撑,或以中央政府的财政拨款撬动地方政府财政资金的配套支持,通过对国家级水利科技成果推广项目管理的直接领导和组织执行,集聚高校、科研院所或相关企业事业单位参与水利科技成果转化与推广活动,保障水利科技成果的转化扩散,有针对性地加大对科技创新推广的支持力度,促进科技资本的形成。

(2) 政府引导型多维金融支持模式

引导、激励地方政府投入推广资源,并主持、参与水利科技成果转化扩散的实际活动,提升水利先进技术成果对区域社会经济发展的支持功效。例如,对于区域或流域性的水利工程设施建设,可依托中央财政差额拨款的形式来促进水利科技成果的本地化根植性扩散，实现财政资源投入"1+1＞2"的"双赢"效用。鼓励金融机构积极参与，一方面实现"两手发力"，吸引金融资本支持水利科技创新，另一方面通过科技创新行为促进资金循环并提升效益。在资本市场中，种子和创建阶段的项目可以通过三板市场筹资，处于创建阶段后期和成长期的项目可借助二板市场也就是创业板市场筹资，最后主板市场为成熟阶段的项目提供支持。此时，政府应引导资本市场完善多层次建设，并通过设立产业投资基金，综合风险投资、股权基金等方式多元化地引导水文与信息化和水土保持与生态类项目成果的推广。

(3) 政府辅助型多维金融支持模式

农村水利和工程建设管理类推广项目通常具有需求大、应用广、投资回报显著以及受技术进步影响大等特征，具有较为稳定的投资收益，因此对应类别的金融支持可以采取政府辅助型金融支持模式。在水利科技成果推广资金投入方面政府仅提供部分辅助资本或短期支持资本，在服务方面可以以遴选、编制新技术产品推广目录、构建技术信息共享平台、组织技术推介会等方式，促进水利科技成果供需双方交流沟通，增进成果推广的认知、认同，促进水利科技成果高效转化扩散。该模式主要通过市场资本的投入来保障推广活动的有效进行。

10.3.2 水利科技推广不同阶段的金融支持模式

根据水利科技成果推广项目在科技创新整个生命周期不同阶段的特征，建立水利科技创新不同阶段的金融支持模式。

(1) 种子阶段的金融支持模式

种子阶段是水利科技推广项目的形成阶段，创新性强是这一阶段的主要特征。此时，水利科技成果推广活动的重点在于项目申报和科技研发，这就意味着该阶段的核心投入实质上是科研人员的智力投入，对资本投入的需求并不大。但在这个阶段水利科技成果推广项目的经济与市场价值都还不明确，存在极大的技术风险，种子阶段因此具有的高风险、无收益特征，导致水利科技成果推广项目几乎不可能从外部获得资本支持。

在水利科技成果推广项目的种子阶段，资金来源只能依靠内源融资、产业投资基金和天使基金。一方面，建议采用以国家财政投入资金和专项投资基金为主、天使基金为辅的金融支持模式。国家财政投入资金作为先导资本投入水利科技成果推广活动，通过发挥金融乘数及资本杠杆效应，吸引带动其他资本的投入。另一方面,应设立专项的水利科技成果推广专项投资基金,水利部门与金融机构可以作为主要发起人,大型的水利企业集团作为共同发起人或投资对象,充分利用水利部门和企业的专业知识、金融机构的资金配置优势,共同管理专项投资基金。根据不同类型产业投资基金的特点,公司型适合大中型水利科技成果推广项目,契约型则更适合具有潜质但规模相对较小的项目。

(2) 创建阶段的金融支持模式

创建阶段是水利科技成果实现产业化转化的初级阶段,也可以看作水利科技型企业初期创建的阶段。这期间,水利科技成果推广活动的资金需求逐渐增大,项目成果市场化需要启动生产,生产所需的资金仅凭单一手段将无法解决。相较于上一个时期,创建阶段的技术风险显示有所降低,但是伴随而来的是市场风险和财务风险问题。这个阶段是科技成果从样品到现实产品转化的核心阶段,主要特征是风险较高,对投入资源具有较大的需求。此时,资本形成缺口是制约创建阶段水利科技成果推广的关键,严重的资本不足会导致推广活动或从事相关活动的企业放弃项目,进而影响到水利科技创新。

在水利科技成果推广项目的创建阶段,应构建以产业投资基金和风险投资为主的金融支持模式。建立适合的风险投资机制,需要结合水利科技成果推广的特点,根据市场需求,由各级政府牵头成立相关企业专注水利科技成果推广活动;建立推广项目风投基金;健全风险投资项目前中后评估制度,加强对风投的管理监督;建立便捷的风投资本退出机制。此外,可以建立多种组合形式的专项产业投资基金,如设立国家级别的引导基金,以引导基金为杠杆,吸引撬动金融机构和社会资金;国有企业和金融机构可以联合设立有限合伙基金,以金融机构为优先级主导、国有企业为次级进行产业资本运作,由实业资本设立产业投资基金,基金设立后,在同政府部门达成框架协议后,联合其他金融机构,可直接对接项目,设立有限合伙基金。

(3) 成长阶段的金融支持模式

成长阶段是水利科技成果推广项目不断成熟和完善的一个时期,水利科技成果及其产品的市场接受度提高,推广活动的加速进行,激发了对于资金投入的需求。经过前两个阶段的发展,水利科技成果推广日趋稳定,市场认可增强,盈利能力和抗风险能力都有所提升,面临的风险也从市场、技术风险转变为项目的管理风险以及资本形成缺口的风险。风险的降低极大地拓宽了成长阶段的融资渠道,除持续注入创业风险投资,多元化的资本市场、金融机构等介入意愿也在逐渐增强。与此同时,发展状况较好的项目或水利科技企业逐渐具备了在新三板或创业板上市的条件。

水利科技成果推广项目的成长阶段注重以银行资金和风险资本为主、资本市场为辅的模式。通过政策性银行和商业银行提供的信贷资金支持,同时通过信托设立的集合资金信托计划进行收益权信托融资,即以水利科技成果推广未来的收益权为基础,根据拟推广的项目资金需求,设立信托计划募集信托资金。具体为通过贷款信托发行债权型收益权证,接受汇集投资者的信托资金,之后以贷款的形式支持水利科技成果推广项目,以收取利息的方式实现信托收益;股权融资信托发起为水利科技成果推广获得提供股权融资支持的信托投资基金,进而通过股权交易获得投资收益;融资租赁信托借助委托人信托资金从事水利科技成果推广活动中所需技术或设备的融资租赁服务。

(4) 成熟阶段的金融支持模式

成熟阶段是水利科技成果推广活动发展接近顶峰的时期。项目的成果得到广泛推广应用,项目的产品占有了一定的市场份额,盈利水平和市场认可度大幅度提高,各种风险存在的可能性降低,水利科技成果推广应用的潜力得到充分的体现。这样的特征为成熟阶段的水利科技成果推广拓宽了融资渠道,因此,可以通过信贷市场上银行等机构的稳定的资金投入,在多层次资本市场中获取更多的融资方式,如股权、债权、产权交易等。

水利科技成果推广项目在成熟阶段应采用以银行资金和资本市场为主、风险投资为辅的金融支持模式。目前,资本市场已有的水利领域上市公司不足三十家,说明我国水利产业融资薄弱,未能充分得到资本市场的支持。水利行业的企业是水利科技成果推广的生力军,企业生产运营过程中对于水利科技成果的应用,就是将科技成果转化为生产力最直接的方式。因此,从某种程度上说,通过资本市场融资支持水利企业就是在支持水利科技成果推广。在水利企业发展初期或水利科技成果推广活动的初期,需要较大的初始投入,由于三板市场入市要求较为宽松,可以借机入市以解决资金需求;经过一段时间的发展之后,进入成长期,可以适时转入二板市场;待发展成熟后,满足条件的可转入主板市场,反之则可以逐级退市。多层次的证券市场与水利企业、科技成果推广的发展阶段性结合。一方面,水利科技成果推广应积极借助创业板和新三板市场发展的力量,引导资金投入,弥补资本缺口,为之后进入主板融资奠定基础。另一方面,水利科技成果推广是一项长周期活动,而长期资金来源的渠道主要是权益与负债,由于银行机构对于公益类项目投入普遍存在惜贷现象,因此,从银行贷款获得的资金远不能满足需要,设立中长期的企业债券更能满足水利科技成果大型推广项目的需求。

10.4 建立健全水利科技推广激励机制

根据委托-代理理论,通过激励机制的设计,激发水利科技人员在水利新技术推广中的主动性和创造性。

10.4.1 完善政策激励机制

(1) 加强财政资金引导,创新产业投资基金

加大科技成果推广专项财政资金的投入,借助政府资金引导社会资本投入,进而促使科技成果推广投入的多元化。通过利用财政资金设立科技项目,改进和完善我国科技活动的组织管理方式,加大中介服务机构发展的支持力度,有针对性地编制科技规划,制订科技计划,积极到基层调研,收集实际生产需求资料。对于可市场化、产业化程度较高的科技项目,充分发挥政府的支撑作用,放手让企业主导项目实施和成果应用,同时鼓励和支持科研机构、企业和高校协同发展。

在充分发挥政府投资引导带动作用的基础上,优化创新金融产品,改进投资使用方式,丰富融资渠道。通过投资补助、基金注资、担保补贴、贷款贴息等方式支持社会资本参与水利科技成果推广活动。设立水利产业投资基金、水利私募股权投资基金和水利科技创业投资基金以及水利科技发展投资引导基金等,重点支持水利科技成果转化与推广,促进技术与市场融合、创新与产业对接。在分配基金的投资收益时,可优先对社会资本供给方进行分红,适当让出部分国家收益,充分发挥财政的资金杠杆作用,吸引多元资本参与其中。

(2) 放开资产证券化融资,探索互联网科技金融模式

对科技成果推广后期以及产业化时期的成熟科技企业放开债券市场,推广债券发行方式向核准制转化,强化中介机构的职能,降低发行债券门槛,鼓励债券发行的金融创新;开展水利科技企业的资信评级,并使债券利率水平与债券信用评级、市场环境等因素挂钩;加快资产证券化进程,尤其是在水利

科技成果股权证券化、知识产权证券化等方面积极探索。在间接金融体系中,金融机构的信贷应向水利科技成果推广项目和水利企业倾斜,可以在银行设立科技成果推广专项贷款,扩大其贷款规模,加大贷款支持力度;建立相关的授信制度,提高信贷效率,并优先发放符合条件、能够提供合法担保的科技推广项目的贷款;积极推进银行参与水利科技成果推介活动,拓展信托、保险代理、担保等中间业务,发展票据业务和贴现业务,还可以开办承兑汇票、信用证等结算业务,从而解决水利科技成果推广的短期资金需求问题。

积极探索推进互联网科技金融模式,如通过P2P、众筹等方式将水利科技成果推广项目转化为投资标的,即在项目前期通过互联网金融方式筹集资金,项目完成后以其后续产出带来的收益为利息。如水力发电新技术推广后建成的水力发电项目,可以给予投资人每发电单位的收益作为投资资本的计息。

(3) 注重税收激励,深化政策性金融支持

国家的税收政策是未来产业政策的导向,可以通过将税收优惠由直接向间接转移的形式来激励水利科技成果推广活动。具体为:设立推广准备金,即在水利科技成果推广项目或从事相关活动的企业内建立推广准备金制度,准备金根据营收的一定比例进行提取,要求推广准备金必须按照规定在期限内用于指定范围的推广环节,或是延长亏损结转期限。目前我国税法规定,企业当年发生的亏损可以用后五年的税前利润弥补。对参与水利科技成果推广活动的单位而言,由于科技成果推广具有较大的风险,阶段性强、周期较长,应适当延长向后结转的期限,并允许一定期限的前转。也可以加大在水利科技成果转化产品销售流转环节的税收优惠力度,如对销售水利科技成果免征增值税、营业税,或允许购入水利科技成果的单位的进项税额在销项税额中抵扣等。

充分发挥政策性金融为科技推广提供长期的、低成本的资金支持的作用,通过政策支持鼓励银行机构进行管理机制、金融产品等方面的创新,如开设以知识产权、股权为主的质押贷款业务。同时政策性金融机构也应该加大对科技成果推广活动的金融支持,如开发符合科技成果推广特性的金融保险产品等。在政策性金融的支持下,完善多层次资本市场,有助于项目通过直接融资方式,如股权交易、发行股票或债券等进行融资。另外,应积极设立引导型投资基金,支持创建阶段的科技型中小企业,支持科技成果推广项目。国家还可以以政府出资为主组建金融租赁公司,同时借助政策性金融规范发

展小额贷款公司,建立正向激励机制,加快接入征信系统,以合理确定贷款额度、放款进度和回收期限,推广产业链金融、专营机构、信贷工厂等服务模式。

(4) 完善担保和信用体系,建立金融服务平台

水利科技成果推广活动投资具有较高的风险性,担保机构的支持必不可少。担保机构往往有更高的风险识别和风险防范能力,但代偿风险还是无法避免,这使得为担保机构提供补充资本金,建立稳定的补偿机制尤为重要。担保风险补偿基金可以由政府财政、担保机构自身、银行机构共同出资设立,也可以建立地方、省级和全国的多层再担保信用补偿机制。通过多层转保,最大限度地分散风险。也可以创新质押担保方式,开展排污权、收费权、购买服务协议预期收益质押等担保贷款业务,探索拓宽保险保单质押范围。另外,推行社会征信制度,建立科研人员、推广人员等的个人信用记录,开展科技评估机构的信用评级,逐步建立起水利行业相关的信用评估体系。

完善支撑科技成果推广的服务体系,还必须构建科学的水利科技推广金融平台。平台的构建有利于科研机构、高校、企业以及金融机构等多主体的融合,多主体协同开展科技成果推广活动。同时,科技成果推广项目也可以借助该平台进行招投标活动,或者是利用平台共同开展研发、推广等活动,形成平台上的科技创新联盟。另外,平台的构建也相当于建立了联合实践基地,有助于专业技术人才的培养。因此,金融平台在一定程度上强化了水利科技成果推广活动的公共服务,助力成果推广应用。最终所有资源和要素通过水利科技成果推广与金融服务平台紧密地结合在一起,进而实现科技与金融的有机融合。

10.4.2 完善绩效考核激励机制

(1) 完善绩效考评体系

根据部门的不同级别、推广人员的不同岗位以及推广机构的不同责任和能力设定适宜的推广绩效评价目标任务,并对推广部门及其人员的推广业绩、岗位职责履行等信息情况加以资料收集、数据整理,建立科学合理的推广绩效测评方法和指标体系,实现推广管理"以评促建"的目的;将考核结果作为推广人员升迁、奖励、培训和调整级别的重要依据,为调动推广部门及其人员的积极性和主观能动性营造良好环境。

(2) 完善绩效激励制度

加大绩效激励力度,突出能力和业绩导向,探索对一线推广人员实行股

权、期权、分红等激励措施,通过股权分红改革,科技人员可以分享自己创造的成果和价值,让创新人才凭自己的聪明才智和创新成果合理合法富起来,最大限度地激发广大科研人员投身科技成果转化的积极性,为科技创新提供强大的"助推器";积极设立经纪人岗位,培育具有市场开拓能力、资金运作能力、技术创新能力和应对风险能力的水利经纪人,与科研机构、成果使用方结成利益共享的联合体;制定相关政策,对在水利科技成果转化过程中作出突出贡献的科研单位、企业、中介组织等给予奖励。

10.4.3 完善水利科技推广队伍培训机制

加大水利科技推广人才的培养力度,优化科技推广人员结构,提升水利科技推广人员素质,培养造就一支科技水平强、业务素质硬的研发队伍、推广队伍和管理队伍;加大水利科技推广人员培训力度,制订科技推广人员培训计划,加强对科技推广人员的实践锻炼和继续教育,探索建立推广人员知识更新的制度;通过任职培训、岗位知识培训,支持推广人员开展国际交流和合作,促进推广人员更新知识,拓宽视野,提升专业素质、业务能力和服务水平,确保水利科技推广人员能够为成果使用方提供满意的推广服务;优化高层次推广人才发展环境,结合水利重点科研项目、重点学科和重点科研平台建设等,构建新型的水利科技创新人才培养、引进体系。

参考文献

一、中文参考文献

[1] 熊彼特. 经济发展理论——对利润、资本、信贷、利息和经济周期的探究[M]. 叶华,译. 北京:中国社会科学出版社,2009.

[2] 凯恩斯. 就业利息和货币通论[M]. 徐毓枬,译. 北京:商务印书馆,1997.

[3] 冯金华. 新凯恩斯主义经济学[M]. 武汉:武汉大学出版社,1997.

[4] 萨缪尔森,诺德豪斯. 经济学(第十四版)[M]. 胡代光,等译. 北京:首都经济贸易大学出版社,1996.

[5] 黄恒学. 公共经济学[M]. 北京:北京大学出版社,2009.

[6] 科尔曼. 社会理论的基础[M]. 邓方,译. 北京:社会科学文献出版社,1990.

[7] 斯蒂格利茨. 政府为什么干预经济——政府在市场经济中的角色[M]. 郑秉文,译. 北京:中国物资出版社,1998.

[8] 刘旭涛. 政府绩效管理:制度、战略与方法[M]. 北京:机械工业出版社,2003.

[9] 范柏乃. 政府绩效评估理论与实务[M]. 北京:人民出版社,2005.

[10] 波特. 国家竞争优势[M]. 李明轩,邱如美,译. 北京:华夏出版社,2002.

[11] 阿吉翁,霍依特. 内生增长理论[M]. 陶然,等译. 北京:北京大学出版社,2004.

[12] 陈昌兵. 新时代我国经济高质量发展动力转换研究[J]. 上海经济研究,2018(5):16-24+41.

[13] 辜胜阻,吴华君,吴沁沁,等. 创新驱动与核心技术突破是高质量发展的基石[J]. 中国软科学,2018(10):9-18.

[14] 李政,杨思莹. 科技创新、产业升级与经济增长:互动机理与实证检验[J]. 吉林大学社会科学学报,2017,57(3):41-52+204-205.

[15] 徐彬,吴茜. 人才集聚、创新驱动与经济增长[J]. 软科学,2019,33(1):19-23.

[16] 李东荣. 新常态下的信息化金融[J]. 中国金融,2015(11):15-16.

[17] 王玉民,刘海波,靳宗振,等. 创新驱动发展战略的实施策略研究[J]. 中

国软科学,2016(4):1-12.

[18] 王冰冰.创新驱动视角下供给侧结构性改革的逻辑与政策选择[J].经济纵横,2019(9):82-87.

[19] 苏继成,李红娟.新发展格局下深化科技体制改革的思路与对策研究[J].宏观经济研究,2021(7):100-111.

[20] 钱学程,赵辉.科技成果转化政策实施效果评价研究——以北京市为例[J].科技管理研究,2019,39(15):48-55.

[21] 陈红喜,关聪,王袁光曦.国内科技成果转化研究的现状和热点探析——基于共词分析和社会网络分析视角[J].科技管理研究,2020,40(7):125-134.

[22] 孙洁.细化政策成果转化更给力——解读《实施〈中华人民共和国促进科技成果转化法〉若干规定》[J].中国农村科技,2016(5):22-25.

[23] 张武军,徐宁.新常态下科技成果转化政策支撑与法律保障研究[J].科技进步与对策,2016,33(3):109-112.

[24] 王晶金,李盛林,梁亚坤.新政策下科技成果转移转化问题与对策研究[J].科技进步与对策,2018,35(14):102-107.

[25] 肖灵机,黄亲国.企业新技术引进与扩散行为决策分析[J].江西社会科学,2013,33(2):198-202.

[26] 陈劲,阳镇,尹西明.双循环新发展格局下的中国科技创新战略[J].当代经济科学,2021,43(1):1-9.

[27] 薛朝霞.以科技创新提升水利建设水平——评《水利与国民经济协调发展研究》[J].人民黄河,2019,41(6):161.

[28] 王靖宇,史安娜.我国水利技术成果转化理论框架和体系构建研究[J].水利经济,2011,29(5):27-30.

[29] 孔德财,袁汝华.水利科技 R&D 投入产出绩效评价[J].科技与经济,2011,24(2):74-77.

[30] 张雷,吕晓焕.政府科技计划技术溢出效应评价研究[J].河海大学学报(哲学社会科学版),2020,22(2):57-62+107.

[31] 陈梁擎.对水利科技推广"两手发力"的思考[J].中国水利,2016(3):62-64.

[32] 张建华,曹悦,郭小敏,等.科技型中小企业创新管理循环改进机制[J].科学管理研究,2016,34(1):87-90.

[33] 张萍.企业科技创新管理影响因素研究[J].科技管理研究,2013,33(12):123-126.

[34] 罗丹.论科技创新管理的体制保障[J].才智,2017(27):231-232.

[35] 石绍峻,邵焕荣,张振伟.知识经济时代下的科技管理创新[J].科技创新与应用,2018(7):120-123.

[36] 孙福全.加快实现从科技管理向创新治理转变[J].科学发展,2014(10):64-67.

[37] 刘东杰,张长立.我国地方政府科技管理体制优化研究[J].广西社会科学,2013(10):125-129.

[38] 颜振军.中国地方政府科技管理的问题与对策[J].中国软科学,2008(12):67-76.

[39] 李思慧,周天宇.企业技术选择:模仿创新还是自主创新?[J].世界经济与政治论坛,2018(1):142-158.

[40] 吴建新.中国技术进步源泉的比较:自主创新和技术外溢——基于阿尔蒙多项式分布滞后模型的研究[J].经济与管理,2010,24(6):24-29.

[41] 肖兴志,谢理.中国战略性新兴产业创新效率的实证分析[J].经济管理,2011,33(11):26-35.

[42] 周亚虹,贺小丹,沈瑶.中国工业企业自主创新的影响因素和产出绩效研究[J].经济研究,2012,47(5):107-119.

[43] 连蕾.从技术模仿到技术集成创新再到技术自主创新研究[J].科学管理研究,2016,34(3):80-83.

[44] 刘宏,乔晓.创新模式"换角"驱动高质量经济发展[J].经济问题探索,2019(6):32-41.

[45] 崔淼,苏敬勤.技术引进与自主创新的协同:理论和案例[J].管理科学,2013,26(2):1-12.

[46] 冯国康.水利技术创新与水利管理能力提升研究[J].低碳世界,2021,11(7):156-157.

[47] 陈凡.水利技术创新的分析与水利管理能力的实践[J].大众标准化,2021(13):40-42.

[48] 王慧艳,李新运,徐银良.科技创新驱动我国经济高质量发展绩效评价及影响因素研究[J].经济学家,2019(11):64-74.

[49] 欧阳进良,李有平,邵世才.我国国家科技计划的计划评估模式和方法探

讨[J].中国软科学,2008(12):139-145.

[50] 刘希章,李富有,邢治斌.民间投资、公共投资与产业升级效应——基于结构主义增长理论视角[J].当代经济科学,2017,39(1):21-29+124-125.

[51] 张静.新凯恩斯主义经济学的兴起、发展与问题[J].经济问题探索,2016(4):35-39.

[52] 赵振洋,王秀颖,温伟荣.基于4E评价原则的地方财政绩效管理研究[J].地方财政研究,2019(2):24-33.

[53] 侯小星,香小敏,高燕.试论科技评估标准化过程中应处理好的几个重要关系[J].科技管理研究,2017,37(15):62-67.

[54] 宋宇.科技计划项目立项评估指标构建[J].产业与科技论坛,2016,15(6):69-70.

[55] 杨飞,樊一阳.中外科技评估制度比较研究[J].科研管理,2016,37(S1):652-658.

[56] 具杏祥,苏学灵.水利工程社会经济效益评估方法研究[J].中国农村水利水电,2008(8):152-154.

[57] 刘林,张勇.科技创新投入与区域经济增长的溢出效应分析[J].华东经济管理,2019,33(1):62-66.

二、英文参考文献

[1] NORTH D C. Institutions, Institutional Change and Economic Performance[M]. Cambridge:Cambridge University Press,1990.

[2] NYSTROM H. Technological and market innovation:strategies for product and company development[M]. London:John Wiley & Sons,1990.

[3] ROBBINS S P. Organization Behavior:Concepts, Controversies and Applications[M]. Canada:Prentice-Hall,1996.

[4] FENG C. Impact of the World's New Technological Revolution on Economic Development and Educational Reform in the Information Age[J]. 商业经济研究(百图),2021,4(4):10.

[5] WESTHEAD P. R&D 'Inputs' and 'Outputs' of Technology-based Firms Located on and off Science Parks[J]. R & D Management,2010,27(1):45-62.

[6] BUBOU G M, EJIM-EZE E E, OKRIGWE F N. Promoting Technology and Innovation Management Expertise in Africa: The Case of NACETEM, Nigeria [J]. Journal of Emerging Trends in Economics and Management Sciences, 2012,3(1).

[7] ZAIDI M F A, OTHMAN S N. Exploring the Concept of Technology Management through Dynamic Capability Perspective [J]. International Journal of Business and Social Science, 2011, 2(5): 41-54.

[8] BELL M, PAVITT K. Technological Accumulation and Industrial Growth: Contrasts Between Developed and Developing Countries [J]. Industrial and Corporate Change, 1993, 2(2): 157-210.

[9] RAUSTIALA K, SPRIGMAN C J. The Knockoff Economy: How Imitation Sparks Innovation [J]. Social ence Electronic Publishing, 2012, 43(2): 861-863.

[10] CHAN L, CHING Y. Performance Measurement and Adoption of Balanced Scorecards [J]. International Journal of Public Sector Management, 2004, 17(3): 204-221.

[11] PHILLIPS O. Technology Assessment and the Social and Human Impact of Innovation [J]. Bulletin of the Atomic Scientists, 2016,72(6):402-411.

[12] FARRUKH C, HOLGADO M. Integrating Sustainable Value Thinking into Technology Forecasting: A Configurable Toolset for Early Stage Technology Assessment [J]. Technological Forecasting and Social Change, 2020, 158:120171.

[13] MRTENSSON P, FORS U, WALLIN S B, et al. Evaluating Research: A Multidisciplinary Approach to Assessing Research Practice and Quality [J]. Research Policy, 2016,45(3):593-603.

[14] ANDREEA-ELENA B M. State Intervention in The Economy [J]. Management Strategies Journal, 2014, 26(4):153-158.

[15] BEN-ISHAI E. The New Paternalism [J]. Political Research Quarterly, 2012, 65(1): 151-165.

[16] MILLER J. Public Choice Theory and Antitrust Policy: Comment [J]. Public Choice, 2010, 142(3/4): 407-408.

[17] GALE D, GOTTARDI P. A General Equilibrium Theory of Banks' Capital Structure [J]. Journal of Economic Theory, 2020, 186:104995.

[18] LIU H P, CHEN Z J. Government Performance Assessment Based on BP Neural Network [J]. Advanced Materials Research, 2012, 546-547: 1141-1146.

[19] ZHANG X, WAN G, LI J, et al. Global Spatial Economic Interaction: Knowledge Spillover or Technical Diffusion? [J]. Spatial Economic Analysis, 2020, 15(1):5-23.

[20] Imran M, Khan K B, Zaman K, et al. Achieving Pro-poor Growth and Environmental Sustainability Agenda through Information Technologies: as Right as Rain [J]. Environmental Science and Pollution Research, 2021: 1-16.

[21] Solow R M. A Contribution to the Theory of Economic Growth[J]. The Quarterly Journal of Economics, 1956, 70(1):65-94.

[22] ISHIHARA-SHINEHA S. Policy Inconsistency between Science and Technology Promotion and Graduate Education Regarding Developing Researchers with Science Communication Skills in Japan [J]. East Asian Science Technology and Society: An International Journal, 2021, 15(1): 46-67.

[23] BRECHET T, LY S. The Many Traps of Green Technology Promotion [J]. Environmental Economics and Policy Studies, 2013, 15(1): 73-91.

[24] SISKA E M, TAKARA K. Achieving Water Security in Global Change: Dealing with Associated Risk in Water Investment [J]. Procedia Environmental Sciences, 2015, 28: 743-749.

[25] JIN Y, LI B, ROCA E, et al. Investment Returns in The Water Industry: A Survey [J]. International Journal of Water. 2014, 8(2): 183-199.

附录1 水利部科技推广计划管理绩效调研方案

一、课题调研主旨

随着我国创新驱动战略的实施，国家科技资源配置将进一步从以研发环节为主向产业链、创新链、资金链统筹配置转变。水利部也在规划重点工作中提出，"要以科技为支撑，健全水利科技创新体系，抓好水利基础理论研究、应用技术研发、高新技术应用和科技普及推广，不断提高水利科技自主创新水平和水利科技贡献率"，从而为系统总结水利部科技推广计划实施经验，为今后水利科技创新发展提供参考和依据。

二、课题调研内容

管理绩效的调研问卷设计以系统理论为指导，以期全面地反映我国水利部科技推广计划项目的整体状况，梳理影响水利部科技推广计划管理绩效的相关影响因素，构建了调查问卷体系。问卷主要内容如下：

1. 推广经费支持

水利行业是公益性、传导性产业，是经济社会发展的重要支撑。水利部科技推广计划作为政府支持的一项科技计划，其项目经费主要来源于政府投资。重点围绕国拨推广经费的充足性、预算的一致性以及配套资金投入力度等方面展开问卷调查。

2. 推广绩效激励

推广人员绩效管理激励的目的在于以评促建，提高推广组织的推广业绩，建立推广的驱动机制，以实现水利科技推广目标，支撑水利现代化建设的实现。重点围绕推广管理办法、绩效考核内容、推广绩效奖励、推广人员培训制度等方面展开问卷调查。

3. 推广过程管理

水利科技成果推广过程中影响绩效的因素有很多，包括人为因素等。重点围绕与上级部门的沟通协调程度、推广过程中的项目质量检验、产学研合作以及与上级管理部门的沟通等方面展开问卷调查。

4. 推广成果管理

推广成果管理是水利科技推广计划管理工作中最重要的一部分。重点围绕技术标准、示范基地、产业化以及产业化阶段、科技奖励情况等内容展开问卷调查。

5. 其他

重点围绕各承担机构在水利科技成果推广计划项目实施过程中的特色和推广经验、瓶颈问题以及加强水利科技推广工作的建议等内容展开问卷调查。

三、调研对象

各项目承担单位负责人,具体调查范围见水利部科技推广计划项目表(略)。

附录2 水利部科技推广计划管理绩效调查问卷

1. 您所在的省市单位部门、流域机构_____
   您的职称为_____，职务为_____

2. 项目执行过程中是否出现资金短缺？□是 □否
   如果出现资金短缺，您是否采取有效措施？□是 □否
   如采取措施，具体是_____
   您对此有何建议_____

3. 在项目执行过程中，资金实际使用与预算是否存在不一致？□是 □否
   如果存在较大的不一致，您认为主要原因有_____
   为保证资金使用更加合理有效，您对此有何建议_____

4. 在项目执行过程中，资金使用计划是否满足项目研究过程支付需求？
   □是 □否
   如果不能满足，您对资金使用规定的相关建议是？
   _____

5. 除国拨资金外，是否有其他配套资金支持？□是 □否
   如果有配套资金，具体来源于（请在所选项□内打√，可多选）
   □地方财政投入　　□地方企业投入　　□其他
   投入的力度如何？（请在所选项□内打√，测算方法为配套资金/国拨资金）
   □≥50%　□40%～50%　□30%～40%　□20%～30%　□≤20%
   如力度不大，您认为不能有效引导其他方面投资的原因主要有_____

6. 除水利部项目管理部门对项目进行验收外，贵单位是否采取了相应的项目质量检查、验收等必需的控制措施或手段？　□是　□否
   如果采取措施，具体措施有_____

7. 项目负责人与本单位项目管理部门的沟通是否顺畅？□是 □否
   如果沟通不顺畅，您认为主要原因有_____
   本单位项目管理部门与水利部项目管理部门的沟通是否顺畅？□是 □否
   如果沟通不顺畅，您认为主要原因有_____
   此外，您对加强与上级部门的联系有何建议_____

8. 项目完成人员中,年龄结构为:30岁以下人数占比_____,30～40岁人数占比_____,40～50岁人数占比_____,50～60岁人数占比_____,60岁以上人数占比_____。

　　学历结构为:博士占比_____,硕士占比_____,本科占比_____,专科占比_____,高中及以下占比_____。

　　职称结构为:高级职称人数占比_____,中级职称人数占比_____,初级职称人数占比_____,初级以下人数占比_____。

9. 贵单位在激励推广人员方面已制定的办法(请在所选项□内打√,可多选)
□推广绩效的考核　　□推广绩效的奖励　　□推广人员的培训
□提供标准化服务　　□其他

10. 为实现水利科技成果推广的管理目标,现有推广参与人员的绩效考核内容包括以下哪些方面(请在所选项□内打√,可多选)
□明确推广人员的工作职责、任务和要求
□制定量化、细化的水利科技推广的指标
□考核服务对象对推广人员的满意度
□其他

11. 贵单位现有水利科技成果推广绩效的奖励措施有哪些?(请在所选项□内打√,可多选)
□奖金　□荣誉奖励　□绩效工资　□职称评定　□其他

12. 为提高水利科技成果推广人员的整体素质,已有的教育培训内容包括以下哪些方面?(请在所选项□内打√,可多选)
□内部短期技能培训(一周以内)　　□内部专项技能培训
□外出参加国内技术交流会议　　□外出参加国际技术交流会议
□其他

13. 项目成果是否经标准管理部门批准为技术标准?　□是　□否
如果获批准,请问是?□国际标准　□国家标准　□行业标准　□地方标准　□企业标准

14. 贵单位项目成果在推广过程中若设有实验室(站),名称为_____;若有示范基地,名称为_____;若有示范园区,名称为_____。

15. 贵单位常用的水利科技成果推广方式是(请在所选项□内打√,可多选)
□大众传媒　　□推介会　　□示范基地　　□宣传培训
□技术交流会　□专家报告会　□其他

16. 推广成果是否已经形成产业化？□是　□否

    如果形成产业化，① 产业化阶段为（请在所选项□内打√）

    □导入阶段　□发展阶段　□稳定阶段　□动荡阶段

    ② 已形成产业化的技术成果，市场产品情况是（请在所选项□内打√）

    □形成产品，市场已有很多同类产品

    □形成产品，市场已有少数同类产品

    □形成产品，且市场无同类产品

    □未形成产品

    □其他

    ③ 产业化后的效益（社会、经济、生态）主要表现在哪些方面？

    _____

    如果没有形成产业化，①是否有必要设立新项目进行进一步的研究？

    □是　□否

    ② 是否需要滚动资金继续支持？□是　□否

    对此您有何其他建议？_____

17. 项目成果是否获科技奖励？□是　□否

    如果有，已获（请在所选项□内打√）

    □国家科技奖项、部级科技奖项　□市级科技奖项

    □县（市）区级科技奖项

18. 项目执行过程中是否产学研合作？□是　□否

    如果是，产学研合作对象为（请在所选项□内打√）

    □成果使用方　□科研院所　□高等学校　□其他

    如果不是，未能进行产学研合作的主要原因有_____

19. 推广实践中，部分先进技术难以被有效地推广应用，其原因主要有（请在所选项□内打√，可多选）

    □技术推广应用风险高　□技术推广投入成本高

    □技术推广应用配套成本高　□缺乏权威部门的认证

    □缺乏信息平台　□其他

20. 对承担单位而言，承担该推广项目的最大收获体现在（请在所选项□内打√，可多选）

    □培养研发队伍，提高技术水平和创新能力

    □获得介入国家科技计划的机会

☐获得政府资金支持　　　　☐提高承担单位的知名度
☐提高单位整体效益　　　　☐提高项目人员收入
☐其他

21. 水利科技成果推广计划项目实施过程中的特色和推广经验有哪些?
    (1) _____
    (2) _____
    (3) _____

22. 承担水利科技成果推广计划项目过程中存在哪些瓶颈问题?
    (1) _____
    (2) _____
    (3) _____

23. 当前,您对加强水利科技推广工作有何意见建议?
    _____
    _____